观赏兰花图鉴

徐晔春　华国军　邓　樱/编著

吉林科学技术出版社

图书在版编目（CIP）数据

观赏兰花图鉴 / 徐晔春, 华国军, 邓樱编著. —— 长春：
吉林科学技术出版社, 2017.3
ISBN 978 - 7 - 5578-1787-9

Ⅰ. ①观… Ⅱ. ①徐… ②华… ③邓… Ⅲ. ①兰科 -
花卉 - 观赏园艺 - 图谱 Ⅳ. ①S682.31-64

中国版本图书馆CIP数据核字（2017）第007735号

观赏兰花图鉴
GUANSHANG LANHUA TUJIAN

编　　著	徐晔春　华国军　邓　樱
出 版 人	李　梁
责任编辑	周　禹　张　超
封面设计	长春美印图文设计有限公司
制　　版	长春美印图文设计有限公司
开　　本	889mm×1194mm　1 / 16
字　　数	632千字
印　　张	25
印　　数	1 - 1500册
版　　次	2017年3月第1版
印　　次	2017年3月第1次印刷

出　　版　吉林科学技术出版社
发　　行　吉林科学技术出版社
地　　址　长春市人民大街4646号
邮　　编　130021
发行部电话 / 传真　0431 - 85635176　85651759　85635177
　　　　　　　　　　　　　　　85651628　85652585
储运部电话　0431 - 86059116
编辑部电话　0431 - 85610611
网　　址　www.jlstp.net
印　　刷　吉广控股有限公司

书　　号　ISBN 978 - 7 - 5578 - 1787 - 9
定　　价　198.00元

前　言 / FOREWORD

　　本书是专为兰花爱好者量身打造的鉴赏宝典，共收录有168属（含杂交属）700余品种，其中不仅有国内外常见的商品性兰花品种，还包括部分野生兰花品种。书中首先概要介绍了兰花的形态、分类、专用栽培基质、繁殖方法、病虫害防治和命名方式等相关基础知识，并对所有收录品种的学名、异名、别名、形态特征、产地及生境、本属概况等具体信息进行了详细的介绍，还在附录中提供了部分兰科植物原种拉丁属名及中文名。书中共展示了近1 800张高清图片，可谓观赏兰花全面、详尽的图说工具书。

　　本书作者花费大量时间，多次参加全国各地的兰展并深入山区、林区及各地植物园进行拍摄，经过严格、专业、科学的鉴定与考证，积累而成这些信息和图片，内容权威而专业。全书图文并茂，适合兰花爱好者、自然爱好者作为观赏图鉴和入门读物，也适合园林、园艺工作者、园林设计工作者、科研人员、大专院校教师选作参考书、工具书或教材。本书部分图片由阿里、刘一云提供，在此一并致谢。

　　本书在编写过程中参考了大量文献，力求内容的科学性和准确性。由于编者水平有限，书中难免存在不足之处，敬请读者批评指正。

目录
CONTENTS

第四部分　杂交属 / 379

第二部分
基础知识

　　兰花大多为地生或附生，有少数为腐生或攀援藤本。地生与腐生种类常有块茎或肥厚的根状茎，附生种类常有由茎的一部分膨大而成的肉质假鳞茎。叶基生或茎生，后者通常互生或生于假鳞茎顶端或近顶端处，扁平或有时圆柱形或两侧压扁，基部具或不具关节。花葶或花序顶生或侧生；花常排列成总状花序或圆锥花序，少有为缩短的头状花序或减退为单花，两性，通常两侧对称；花被片6，2轮；萼片离生或不同程度的合生；中央1枚花瓣的形态常有较大的特化，明显不同于2枚侧生花瓣，称唇瓣，唇瓣由于花（花梗和子房）作180度扭转或90度弯曲，常处于下方（远轴的一方）；子房下位，1室，较少3室；除子房外整个雌雄蕊器官完全融合成柱状体，称蕊柱。果实通常为蒴果，较少呈荚果状，具极多种子。种子细小，无胚乳，种皮常在两端延长成翅状。

　　全科约有800属25 000种（也有人估计高达30 000种），除南极洲外，潮湿热带地区、亚热带地区分布最多，少数种类也见于温带地区。我国有194属（11属特有，部分引进栽培）1 388种（491种特有，部分引进栽培）。

1. 根

　　地生兰的根系多为丛生、纤细、大多具根毛，具分枝，有些地生兰的根为肉质。附生兰的根较为强壮与粗大，大多为肉质根，上具一层由死亡细胞构成的海绵层，称为根被，可起到保护根系的作用。一般休眠期，附生兰气生根的根尖停止生长，根被会向前延伸覆盖整

图1-1：树兰的气生根　　图1-2：万代兰的气生根　　图1-3：墨兰的肉质根

个根尖。生长期根尖呈绿色，并可进行光合作用。部分种类的气生根可明显看到一年的生长长度，具有明显的分界点。

2. 叶

　　兰科植物的叶形差异极大，基生或茎生，叶形从卵圆形到棒状甚至针状，质地从纸质到厚革质均有，有的落叶，有的常绿，叶子的形态及叶的质地与产地有极大关系，均为适应环境演化而来。叶子大致

图1-4：卡特兰的革质叶　　图1-5：凤蝶兰的肉质叶　　图1-6：大花杓兰的薄质叶

可分为薄质叶、肉质叶、革质叶，如卡特兰的革质叶（图1-4）、风蝶兰的肉质叶（图1-5）、大花杓兰的薄质叶（图1-6）。

3. 花

兰科植物的花形态差异较大，但有其共同点，雄蕊与雌蕊合生成蕊柱，这是兰科植物与其他植物区别的主要特征，另外兰科植物种子极小，一颗兰果上大约有上百万粒种子。

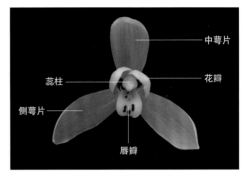

图1-7：兰花的结构

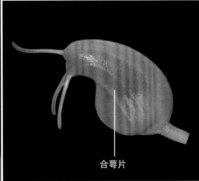

图1-8：兜兰的合生侧萼片　　图1-9：蛞蝓尾萼兰合生的萼片　　图1-10：树兰的唇瓣

4. 茎

地生兰与腐生兰种类常有块茎或肥厚的根状茎，附生种类常有由茎的一部分膨大而成的肉质假鳞茎。不论块茎、根状茎还是假鳞茎，均可贮藏大量的水分及养分，也可进行光合作用。当环境条件变差时，如干旱，则可靠其维持生存，其充实程度也是判断兰花养护好坏的一个标准。

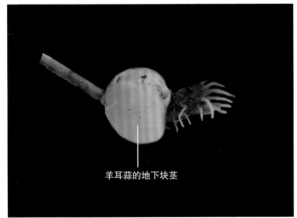

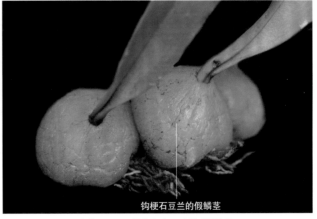

图1-11：羊耳蒜的地下块茎　　　　图1-12：钩梗石豆兰的假鳞茎

5. 果实及种子

果实通常为蒴果，较少呈荚果状。每个种荚均有数十万至上百万粒种子，因没有胚乳，不能为种子萌发提供养分。只有种子传播到合适的地点，并且感染到菌根真菌，依靠共生的菌根获得生长发育的养分，才能长出具有叶及根的幼苗。因此兰花在自然界中的萌发率是极低的。

图 1-13：纹瓣兰果实　　　　　　　图 1-14：卡特兰果实　　　　　　　图 1-15：石斛兰果实

（二）兰花分类

1. 按生长方式分类

可分为单轴生长型与合轴生长型。单轴生长型的兰花没有根状茎，顶芽不断生长使主茎不断延长，新叶从顶端发出，如蝴蝶兰属、武夷兰属；合轴生长型又称多轴生长型，大多第一年生长后停止向上生长，第二年从茎基部发出新芽，如石豆兰属、石斛属。

图 1-16：单轴生长型　　　　　　　　　图 1-17：合轴生长型

2. 按生长习性分类

可分为地生兰、附生兰（包括岩生兰）及腐生兰，也有少量攀援兰花。地生兰与大部分植物一样，生于泥土中，如西藏杓兰等；附生兰附着于树干、岩石或岸壁上生长，如附生于树干上的聚石斛、石仙桃，附生于岩石上的密花石豆兰；腐生兰没有绿叶，大部分时间在地下度过，开花时才伸出地面，如天麻；攀援类的兰花多附于树干、墙壁等处生长，如香荚兰。

图 1-18：地生西藏杓兰　　图 1-19：附生于树干上的聚石斛　　图 1-20：附生于树干上的石仙桃

图 1-21：附于岩石上生长的密花石豆兰　　图 1-22：腐生的天麻　　图 1-23：攀援生长的香荚兰

（三）兰花栽培所用的基质

不管是地生兰还是附生兰，栽培的基质均须疏松透气，保证水性、肥性良好，各地可根据情况选用。

1. 山泥：林区的枯枝落叶及杂草经多年堆积沤制而成的腐殖土，有良好的排水性和保水保肥性，营养丰富，用于地生兰栽培。

2. 腐叶土：由落叶、杂草及菜叶等与土壤分层堆积 1～2 年腐熟发酵而成。腐叶土含有丰富的有机质，通透性好，重量轻，疏松肥沃，有良好的保水保肥能力，呈弱酸性，用于地生兰栽培。

3. 塘泥：由鱼塘、池塘及河流经多年淤积而成，挖出晒干，再打成颗粒状，用于地生兰栽培。

图 1-24：塘泥

4. 泥炭土：为古代沼泽植物埋藏地下分解不完全而形成的，排水性和透气性良好，保水能力强，有机质含量较高，呈弱酸性反应，可用于地生兰及附生兰的配料使用。

5. 仙土：由四川峨眉山采挖研制的颗粒土，分大、中、小三种规格，全已矿化的土质植料，多用于国兰。

图 1-25：泥炭

6. 兰石：由火山石加工成的颗粒状植料，疏松、通透性好，可长期使用，有大、中、小三种型号。目前市售兰石有日本产的帝王石、植金石，台湾产的埔里石等，多用于附生兰。

7. 蛇木：为桫椤类植物的根及茎制作而成，可制成蛇木屑，也可压制成蛇木板。因桫椤类为保护植物，这种植材已较难得到，多用于附生兰。

8. 珍珠岩：清洁轻松、吸水性强，保湿、透气性较佳，用于附生兰及地生兰配料。

9. 煤渣：较易得到，应将过细的筛去，大块的打碎，多用做配料，用于附生兰及地生兰配料。

10. 碎砖：新砖旧砖均可，将收集到的砖打碎，可根据需要打制成各种规格，新砖最好浸于水中退火，用于附生兰。

11. 蕨根：是指紫箕的根，呈黑褐色，耐腐，通透性好，可与其他附生基质混合使用，用于附生兰或地生兰。

12. 陶粒：黏土经高温烧制后形成的具有一定孔隙度的粒状物质，具有保水、保肥效果，有无异味、重量轻等优点，用于附生兰或地生兰。

   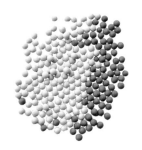

图 1-26：兰石　　　　　图 1-27：珍珠岩　　　　　图 1-28：蕨根　　　　　图 1-29：陶粒

13. 树皮块：是用树皮打成的碎块，具有质轻、通透性好的特点，用于附生兰。

14. 水苔：为高海拔地区的苔类植物，采集后晒干，特点是保水、保肥能力强，用于附生兰。

15. 蛭石：为云母经过高温处理过的介质，具有通透性好、经济实用等优点，用于附生兰或地生兰。

16. 椰壳块：是将椰子壳切割成各种尺寸的碎块而成，通透性好，可多次使用，用于附生兰。

17. 木炭：是木材或木质原料经过不完全燃烧，或者在隔绝空气的条件下热解，所残留的深褐色或黑色多孔固体燃料，具有无病虫卵、通透性好、质轻等优点，用于附生兰。

18. 石块：建筑工地常可找到，可根据栽培的种类选择石块大小，常与轻质基质混合使用。

19. 河沙：宜使用粗河沙，常用做配料，用于地生兰。

图 1-30：树皮块　　　　　图 1-32：木炭　　　　　图 1-34：河沙

图 1-31：水苔　　　　　图 1-33：石块

1. 分株

分株是繁殖兰花最常用的方法之一，是将兰株长出来的幼植株体分离，另行栽植而成为独立新植株的繁殖方法。不同种类的兰花分株时间也不尽相同，如国兰类，大多于休眠期后期进行，石斛兰多于新芽萌发前进行，卡特兰除花期外，一年四季均可进行。一般分株后，每丛不少于 3 ～ 5 芽。下面以卡特兰为例，简要说明一下分株方法。

（1）选择株丛过密的卡特兰，一般每盆有 10 芽左右即可分株。（图 1-35）

（2）生长旺盛的卡特兰，一般根系已长满花盆，很难直接脱盆，可将盆割裂或打烂取出植株。（图 1-36）

（3）将基质慢慢去掉，尽量不要伤到根系。（图 1-37）

图 1-35：待分株的卡特兰　　　图 1-36：脱盆后的卡特兰　　　图 1-37：去除基质

（4）用利刃或剪刀小心地在卡特兰根茎处分离，一丛 4 ～ 5 株，最好带有新芽，并将过长根、腐烂根及受伤的根系剪除，可促进发根。（图 1-38）

（5）上盆，可用水苔栽培，也可选用木炭、树皮块加适量石块或陶粒栽培。上盆时老头可靠近盆边，新芽向盆中间，为新芽留出生长空间。（图 1-39）

图 1-38：分离后的卡特兰　　　图 1-39：上盆后的卡特兰

分株后的植株在 2 ～ 3 周内应放在较荫蔽且通风的环境，每日向叶面喷水，保持叶片和假鳞茎不干缩即可，忌施肥或浇水，待新根长出约 2 ～ 3cm 时方可浇水。

2. 扦插

扦插是将兰株的茎插入基质中，在茎节处抽枝发芽、生根而长成完整植株的方法，它的优点是繁殖材料较为充足、产苗量较大、成苗快、能保持原品种的固有优良特性、能获得与母株遗传性状完全一致的兰苗，既适合花场大规模生产，也适于家庭少量繁殖。下面以节茎类的石斛兰为例说明扦插过程。

（1）选择生长健壮、饱满的假鳞茎，将叶片去掉。（图 1-40）

（2）将鳞茎直接铺于泥炭土或水苔上。（图 1-41）

（3）将鳞茎上面覆盖少许泥炭土，主要是防止鳞茎失水，一般 1 个月左右即可生芽。（图 1-42）

（4）也可将鳞茎 2 ～ 3 节切成一段。（图 1-43）

（5）将切成的小段插于泥炭土中或用水苔包扎底部，约1个月即可出芽。（图1-44）

图1-40：选好的石斛兰假鳞茎　图1-41：铺在泥灰土上的假鳞茎　图1-42：盖上少许泥炭土

图1-43：切成小段的鳞茎　　　　图1-44：插入泥炭土中的小段鳞茎

3. 高位芽繁殖

（1）石斛兰在生长过程中，常在节间长出芽体，特别是花芽长出后，遇到高温，花芽将转化为叶芽。

（2）将带根的高位芽发取下来，几株一丛另栽即可。

4. 组培繁殖

技术性强，多用于生产或科研，家庭不采用。

❀（五）病虫害防治

　　兰花病虫害较多，常造成兰株死亡或观赏性下降。一般兰花染病后极难彻底治愈，因此兰花的病虫害防治应遵循"以防为主、以治为辅"的原则，定期喷洒药物，以防病虫害发生，达到减少损失、保护兰株健康的目的。下面简要介绍一下兰花的主要病虫害防治方法。

1. 主要病害

　　（1）软腐病：细菌型病害。初期在叶片或茎部产生水渍状小斑点，后逐渐扩大腐烂，并有脓状液体，有很浓的臭味。在易发期喷洒72%农用硫酸链霉素可溶性粉剂4000倍液、30%四环霉素2000倍液预防。对发病严重的植株应焚烧处理，刚发病植株可剪除病叶并喷药预防。（图1-45）

　　（2）灰霉病：真菌性病害。常危害花朵及叶片，花朵出现散生半透明的圆形小斑点，叶背出现褐色菌团，不

图1-45：软腐病

均匀分布。除降低环境湿度外，可用 70% 甲基多保净可湿性粉剂 2500 倍液、50% 扑灭宁可湿性粉剂 2000 倍液喷施预防或 65% 抗霉威可湿性粉剂 1500 倍液进行防治。（图 1-46）

（3）煤污病：真菌性病害。多发生于叶片上，部分害虫产生蜜露或兰花叶片本身产生分泌物均可导致此病发生，在叶片上特别叶背出现灰黑色老霉层，影响叶片光合作用，最后导致叶片脱落。虫害导致的煤污病可用药物喷杀害虫（见主要虫害）。发病初期喷药，可用 25% 苯菌灵·环己锌乳油 700 倍液、50% 甲基硫菌灵·硫磺悬浮剂 800 倍液防治。（图 1-47）

图 1-46：灰霉病

图 1-47：煤污病

（4）白绢病：真菌性病害。多感染兰花的根、茎等处，病部出现水浸状，受害部位常出现白色菌丝，后出现菜籽大小的菌核，初为白色，后期为褐色。病株宜马上销毁，在易发期，可用井岗霉素 500 ~ 700 倍液喷淋植株，基质在使用前可用 40% 的五氯硝基苯粉剂 500 倍液浇灌。（图 1-48）

（5）炭疽病：真菌性病害。主要危害叶片，有时也侵染茎及果实。病斑开始呈圆形或椭圆形，褐色，后可形成不规则的大斑块或病斑连成片，最后导致叶片枯黄脱落。易发期可用 0.5% ~ 1% 波尔多液、65% 代森锌可湿性粉剂 600 ~ 800 倍液、50% 多菌灵 800 倍液或 75% 甲基托布津 1000 倍液喷雾防治。

（6）叶枯病：真菌性病害。危害叶片，病斑黑褐色，近圆形，后扩大成椭圆形大斑，严重可导致叶片脱落。防治可参考炭疽病。

（7）病毒病：主要危害叶片，叶面出现不规则黄斑，又称花叶病。叶肉组织坏死而造成局部凹陷，植株畸形丛生矮小。引种时注意引进未带有病毒的植株，平时操作时需对用具进行消毒，在发病初期喷施 3.85% 病毒必克可湿性粉剂 700 倍液。（图 1-49）

图 1-48：白绢病

图 1-49：病毒病

2. 主要虫害

（1）介壳虫：为常见的害虫。以成虫、若虫在叶柄、叶基，甚至叶面上吸取汁液，使生长受阻

并产生黄斑。在通风不良时极易发生。可用40%的速扑杀乳油1000～1200倍液防治。（图1-50）

（2）蓟马：多危害花朵，吸取汁液，使花致残。可用2.5%的溴氰菊酯乳油在棚内熏蒸防治或用50%杀螟松乳剂1500倍液喷雾防治。（图1-51）

（3）蚜虫：为常见害虫，可危害叶片、花蕾等，以若虫、成虫刺吸汁液导致叶片黄化或落蕾。可用50%抗蚜威可湿性粉剂2000倍液、20%速灭杀丁乳油3000倍液或10%蚜虱净可湿性粉剂500倍液喷洒防治。

图1-50：介壳虫

（4）红蜘蛛：主要危害叶片，使叶片上下面白色斑点失去光泽并褪绿。可用20%灭扫利乳油2000倍液、73%克螨特乳油2000倍液或10%克螨灵乳油2000倍液防治。（图1-52）

（5）蛞蝓：为软体动物。可危害叶片、假鳞茎及花等。可在床架边撒石灰带或用灭蛭灵900倍液喷雾。（图1-53）

图1-51：蓟马　　　　　图1-52：红蜘蛛　　　　　图1-53：蛞蝓

（六）兰花的命名

1.兰花原种的命名

原生种均按林奈的命名系统的双名法，即属名加种加词，如球花石斛 *Dendrobium thyrsiflorum*，第一个词为属名，首字母大写，第二个词为种加词，首字母小写，均用斜体。天然的变种、变型用"var." "f."表示，用正体书写，变种名称及变型的名称也用斜体，变种名及变型名首字母用小写，如广东隔距兰 *Cleisostoma simondii* var. *guangdongense*。植物的拉丁属名及种加词后面还有命名人的名字缩写，如舌唇兰 *Platanthera japonica*（Thunb. ex A. Marray）Lindl.，一般可省略。栽培变种用单引号，首字母大写，如'花叶'鹤顶兰 *Phaius tankervilliae* 'Vaiegata'。

2.兰花属内杂交种的命名

杂交种包括集体杂交种及栽培变种栽培品种。集体杂交种为属内不同的两种植物经过有性繁殖方式产生的全部后代，如 *Dendrobium* Rainbow Dance，属名用斜体，首字母大写，杂交种名用正体，首字母大写。杂交栽培品种用单引号，首字母大写，如 *Doritaenopsis* Queen Beer 'Montehong'。

3.兰花属间杂交种的命名

兰花很多近缘属均可杂交，两个属或更多属间进行杂交，培育出了大量新品种。杂交属一般取各自属名的一部分组成新属名，为区别原种属，杂交属名前加"×"，如 ×*Aranda*，本属为蜘蛛兰属（*Arachnis*）与万代兰属（*Vanda*）的杂交属。

第二部分
栽培原种属

多花脆兰

脆兰属
Acampe

学名·*Acampe rigida*
异名·*Acampe multiflora*

形态特征： 大型附生植物。茎粗壮，近直立，长达 1 m。具多数二列的叶，叶近肉质，带状，斜立，长 17～40 cm，宽 3.5～5 cm，先端钝并且不等侧 2 圆裂。花序腋生或与叶对生，具多数花；花黄色带紫褐色横纹，不甚开展，具香气，萼片和花瓣近直立；萼片相似，等大，长圆形；花瓣狭倒卵形，唇瓣白色，厚肉质，三裂。蒴果。花期 8～9 月，果期 10～11 月。

产地及生境： 产于我国广东、香港、海南、广西、贵州、云南和台湾。附生于海拔 300～1800 m 的林中树干上或林下岩石上。广泛分布于热带喜马拉雅、印度、缅甸、泰国、老挝、越南、柬埔寨、马来西亚、斯里兰卡及热带非洲。

本属概况： 本属大约 10 种，分布于热带的喜马拉雅、中南半岛、亚洲东南部和亚热带的非洲、马达加斯加及印度群岛。我国产 3 种。

坛花兰属
Acanthephippium

坛花兰

学名·*Acanthephippium sylhetense*
别名·钟馗兰、台湾坛花兰

形态特征： 假鳞茎卵状圆柱形，具 2～4 个节，被数枚大型鳞片状鞘。叶 2～4 枚，互生于假鳞茎上端，厚纸质，长椭圆形，长达 35 cm，宽 8～11 cm，先端渐尖，基部收狭为长 2 cm 的柄。花葶肉质而肥厚；总状花序具 3～4 朵花；花苞片深茄紫色，花白色或稻草黄色，内面在中部以上具紫褐色斑点；中萼片近椭圆形，侧萼片斜三角形或镰刀状长圆形；花瓣藏于萼筒内，近卵状椭圆形；唇瓣三裂，侧裂片白色，中裂片柠檬黄色，肉质，舌形；唇盘白色带紫褐色斑点。花期 4～7 月。

产地及生境： 产于我国台湾和云南。生于海拔 500～800 m 的密林下或沟谷林下阴湿处。分布于印度、日本、缅甸、老挝、泰国和马来西亚。

本属概况： 本属约 11 种。产于印度、孟加拉国及整个东南亚，日本、新几内亚和西南部的太平洋群岛也有，我国产 3 种。

细距兰属
Aerangis

学名·*Aerangis biloba* / 异名·*Rhaphidorhynchus bilobus*

别名·鱼尾风兰

形态特征： 附生兰。叶基生，宽带形至长椭圆形，先端二裂，绿色，全缘。总状花序，着花可达十余朵；花全体白色，先端稍带浅褐色；萼片及花瓣近相似。距细长，浅褐色，具淡香。花期春季至夏季。

产地及生境： 产于西非及中非。生于海拔 700 m 的森林中。

本属概况： 本属约 55 种，产于热带非洲，科摩罗群岛、马达加斯加和斯里兰卡也有分布。我国不产。

细距兰属
Aerangis

学名·*Aerangis luteoalba* var. *rhodosticta*

异名·*Aerangis albidorubra*

形态特征： 附生兰。叶基生，长椭圆形，绿色。花瓣及萼片白色，花瓣较萼片大而宽，唇瓣大，前部卵圆形，基部变细，蕊柱红色；距细长，白色。主要花期冬季。

产地及生境： 产于中非、喀麦隆、刚果、扎伊尔、埃塞俄比亚、肯尼亚、坦桑尼亚及乌干达。生于海拔 1250 ～ 2200 m 的沿河森林中。

细距兰属
Aerangis

美丽细距兰

学名 · *Aerangis fastuosa*	
异名 · *Rhaphidorhynchus fastuosus*	

形态特征： 附生兰。叶基生，卵圆形或长椭圆形，叶先端凹，全缘。总状花序，萼片白色，长椭圆形，花瓣白色，唇瓣长卵形或近卵形，先端稍尖。距细长。花期春季至夏季。

产地及生境： 产于马达加斯加。

指甲兰属
Aerides

学名·*Aerides falcata*
别名·仙人指甲兰

形态特征： 茎粗壮。具数枚二列的叶，带状，长 20～29 cm，宽 2.5～3.7 cm。总状花序疏生数朵花；萼片和花瓣淡白色，上部具紫红色；侧萼片宽卵形，唇瓣三裂，侧裂片镰状长圆形；中裂片近宽卵形，前半部紫色，后半部白色带紫色斑点和条纹，先端凹缺。花期春季至夏季。

产地及生境： 产于我国云南。生于山地常绿阔叶林中树干上。印度、缅甸、泰国、柬埔寨、老挝、越南也有分布。

本属概况： 本属约 20 种，产于斯里兰卡、印度、尼泊尔、不丹、中南半岛、马来西亚、菲律宾和印度尼西亚。我国有 5 种，其中 1 种为特有。

香花指甲兰

指甲兰属
Aerides

学名·*Aerides odorata*

形态特征：茎粗壮。叶厚革质，宽带状，长 15 ～ 20 cm，宽 2.5 ～ 4.6 cm，先端钝并且不等侧二裂。总状花序下垂，密生许多花；花大，开展，芳香，白色带粉红色；中萼片椭圆形，侧萼片宽卵形，先端钝；花瓣近椭圆形，唇瓣三裂；侧裂片直立，倒卵状楔形，中裂片狭长圆形。距狭角状。花期 5 月。

产地及生境： 产于我国广东和云南。生于海拔 200 ～ 1200 m 山地林中树干上。不丹、印度、印度尼西亚、老挝、马来西亚、缅甸、尼泊尔、菲律宾、泰国及越南也有分布。

多花指甲兰

指甲兰属
Aerides

学名·*Aerides rosea*

形态特征：茎粗壮。叶肉质，狭长圆形或带状，长达 30 cm，宽 2 ～ 3.5 cm，先端钝并且不等侧二裂。花序叶腋生，常 1 ～ 3 个，密生许多花；花白色带紫色斑点，开展；中萼片近倒卵形，侧萼片稍斜卵圆形，花瓣与中萼片相似而等大；唇瓣三裂；侧裂片小，直立，耳状，前边深紫色；中裂片近菱形，上面密布紫红色斑点。距白色，向前伸，狭圆锥形。蒴果近卵形。花期 7 月，果期 8 月至次年 5 月。

产地及生境： 产于我国广西、贵州和云南。生于海拔 300 ～ 1600 m 的山地林缘或山坡疏生的常绿阔叶林中树干上。不丹、印度、缅甸、老挝、泰国及越南也有分布。

阿梅兰属
Amesiella

学名·*Amesiella philippinensis*
别名·菲律宾阿梅兰

形态特征： 附生兰，株高约 15 cm。叶互生，套叠生长，叶长椭圆形，全缘，绿色。萼片及花瓣近等大，卵圆形，白色，唇瓣圆形，中心黄色，花径约 5 cm。花期冬至春季。

产地及生境： 产于菲律宾吕宋岛。

本属概况： 本属 3 种，均产于菲律宾。我国不产。

彗星兰属
Angraecum

学名·*Angraecum didieri* / 异名·*Macroplectrum didieri*
别名·迪迪尔风兰

形态特征： 附生兰。茎粗壮。叶二裂，互生，带形，套叠生长，先端凹，全缘。萼片白色，近相等，近锐三角形，花瓣较狭，唇瓣大，心形，白色，花径 5 ~ 7 cm。距细长，黄绿色。花期不定。

产地及生境： 产于马达加斯加。

本属概况： 本属 224 种，产于热带非洲、马达加斯加、斯里兰卡、菲律宾及塞舌尔等地。生于海拔 2000 m 以下的湿润地区，大部分附生，极少量岩生。我国不产。

彗星兰属 | 学名·*Angraecum leonis* / 异名·*Mystacidium leonis*
Angraecum | 别名·棱叶风兰

形态特征: 附生兰,茎粗壮,株高 15～30 cm。叶二列,带形。萼片及花瓣近等大,白色,唇瓣白色,心形,蕊柱绿色,花直径约 6 cm。距细长,绿色。花期秋季至冬季。

产地及生境: 产于马达加斯加。

彗星兰属 | 学名·*Angraecum sesquipedale*
Angraecum | 别名·长距彗星兰、马达加斯加风兰

形态特征: 附生兰,株高约 50 cm。叶二列,带状,绿色。花瓣及萼片近等大,淡黄色至白色。距长,达数十厘米,绿色。不同个体色泽有变化。花期冬季至次年春季。

产地及生境: 产于马达加斯加。生于海拔 100～150 m 的森林边缘树干上,也可生于岩石上。

彗星兰属
Angraecum

学名·*Angraecum* Veitchii

形态特征： 叶二列，大型，宽带状。花瓣及萼片淡黄色，唇瓣大，心形，具尾尖，基部绿色。距细长，绿色。花期春季。

产地及生境： 园艺种。

郁香兰属
Anguloa

学名·*Anguloa brevilabris* x *cliftonii*

形态特征： 地生兰，高可达 60 cm。假鳞茎粗大。叶大，薄纸质，长椭圆形，先端尖，基部渐狭，全缘。花由茎基部抽生而出，不开展，萼片外面黄色，内面带紫色，花瓣紫色。花期春季。

产地及生境： 杂交种。

本属概况： 本属 15 种，产于委内瑞拉、哥伦比亚、厄瓜多尔、玻利维亚和秘鲁的高海拔森林地面上。

摇篮兰

郁香兰属
Anguloa

学名·*Anguloa clowesii*
别名·安古兰、郁金香兰

形态特征： 地生兰。鳞茎粗大，株高。叶大，纸质，长椭圆形，全缘。花茎由鳞茎基部抽出，花瓣及萼片相近，黄色，唇瓣较小，黄色，花径 8 cm。花期春季至夏季。

产地及生境： 产于哥伦比亚及委内瑞拉。生长海拔 1800 ～ 2500 m。

「丽佳」郁香兰

郁香兰属
Anguloa

学名·*Anguloa* Ligiae
别名·'丽佳' 安古兰

形态特征： 地生兰。鳞茎扁圆形。叶纸质，长椭圆形。萼片背面绿色带有淡紫，内面紫红色，花瓣紫色，唇瓣小，紫色。花期春季。

产地及生境： 园艺种。

郁香兰属
Anguloa

学名·*Anguloa* × *ruckeri*
别名·鲁氏安古兰

形态特征： 地生兰，株高约 1 m。假鳞茎大。叶长椭圆形，叶宽可达 24 cm，全缘。萼片及花瓣近相似，外面黄绿色，内面布满紫色斑点或紫色，唇瓣小。花期春季。

产地及生境： 自然杂交种，产于厄瓜多尔。

豹斑兰属
Ansellia

学名·*Ansellia africana*
别名·非洲豹斑兰

形态特征： 附生兰，偶尔地生。茎纺锤状，高可达 60 cm。叶生于茎顶，一般 6 ～ 7 枚叶，宽披针形，顶端尖，基质，全缘。圆锥状花序顶生，长可达 80 cm，具花 10 ～ 100 朵，具香气，花径 6 cm，萼片及花瓣黄色，上有深褐色斑纹，唇瓣小，黄色。花期春季至夏季。

产地及生境： 产于热带及亚热带非洲。

本属概况： 本属仅 2 种，产于热带及亚热带非洲，生于海拔 700 m 以下（偶尔可达 2000 m）的海岸或河边的树干上。

滇越金线兰

形态特征： 植株高 12 ～ 18 cm。根状茎伸长，匍匐。茎上升或直立，具 4 ～ 5 枚叶。叶片呈偏斜的卵形，上面黑绿色，具金红色、有绢丝光泽美丽的网脉，背面淡绿色，先端急尖，基部钝，两侧不等宽。总状花序具 2 ～ 7 朵较疏生的花；花较大，白色，不倒；中萼片卵形，凹陷呈舟状，与花瓣黏合呈兜状；侧萼片偏斜的卵状长圆形；花瓣斜歪的半卵形，镰状；唇瓣上举，基部具圆锥状距。花期 7 ～ 8 月。

产地及生境： 产于云南。生于海拔 1300 ～ 1400 m 的山坡密林中阴湿地上。越南也有分布。

本属概况： 本属大约 30 种，产于印度、喜马拉雅、南亚、东南亚、澳大利亚和西太平洋群岛。我国有 11 种，其中 7 种为特有。

蜘蛛兰属
Arachnis

学名·*Arachnis labrosa* / 异名·*Arrhynchium labrosum*
别名·蜘蛛兰、龙爪兰

形态特征： 茎伸长，达 50 cm，具多数节和互生多数二列的叶。叶革质，带状，长 15～30 cm，宽 1.6～2.2 cm 或更宽，先端钝并且具不等侧二裂。花序斜出，长达 1 m，具分枝；圆锥花序疏生多数花；花淡黄色带红棕色斑点，开展，萼片和花瓣倒披针形；花瓣比萼片小；唇瓣肉质，三裂；侧裂片小，直立，近三角形，中裂片厚肉质，舌形。花期 8～9 月。

产地及生境： 产于我国台湾、海南、广西和云南。生于海拔 600～1200 m 的山地林缘树干上或山谷悬岩上。分布于不丹、印度、缅甸、泰国和越南。

本属概况： 大约 13 种，从印度东北部及亚洲大陆至印度尼西亚、新几内亚及太平洋群岛均有分布，我国产 1 种。

竹叶兰 / 竹叶兰属 *Arundina*
学名·*Arundina graminifolia*
异名·*Arundina chinensis*

形态特征： 植株高 40 ～ 80 cm，有时可达 1 m 以上。茎直立，常数个丛生或成片生长，圆柱形，细竹秆状，具多枚叶。叶线状披针形，薄革质或坚纸质，通常长 8 ～ 20 cm，宽 3 ～ 20 mm，先端渐尖。花序总状或基部有 1 ～ 2 个分枝而呈圆锥状，具 2 ～ 10 朵花，但每次仅开 1 朵花；花粉红色、略带紫色或白色；萼片狭椭圆形或狭椭圆状披针形，花瓣椭圆形或卵状椭圆形，与萼片近等长；唇瓣轮廓近长圆状卵形，三裂；侧裂片钝，内弯，中裂片近方形，先端 2 浅裂或微凹。蒴果。花果期主要为 9 ～ 11 月，但 1 ～ 4 月也有。

产地及生境： 产于我国浙江、江西、福建、台湾、湖南、广东、海南、广西、四川、贵州、云南和西藏。生于海拔 400 ～ 2800 m 的草坡、溪谷旁、灌丛下或林中。尼泊尔、不丹、印度、斯里兰卡、缅甸、越南、老挝、柬埔寨、泰国、马来西亚、印度尼西亚、琉球群岛和塔希提岛也有分布。

本属概况： 全属 2 种，分布于热带亚洲，自东南亚至南亚和喜马拉雅地区，向北到达我国南部和琉球群岛，向东南到达塔希提岛。

鸟舌兰属
Ascocentrum

学名·*Ascocentrum ampullaceum*

形态特征： 植株高约 10 cm。叶厚革质，扁平，下部常"V"字形对折，上部稍向外弯，上面黄绿色带紫红色斑点，狭长圆形，长 5～20 cm，宽 1～1.5 cm，先端截头状并且具不规则的 3～4 短齿。花序直立，比叶短，通常 2～4 个，总状花序密生多数花；花殊红色；萼片和花瓣近相似，宽卵形，先端稍钝，全缘；唇瓣三裂；侧裂片黄色，很小，直立，近三角形，中裂片与距几直角向外伸展，狭长圆形；距淡黄色带紫晕，棒状圆筒形，与萼片近等长。花期 4～5 月。

产地及生境： 产于我国云南。生于海拔 1100～1500 m 的常绿阔叶林中树干上。从喜马拉雅西北部经尼泊尔、不丹、印度东北部到缅甸、泰国、老挝都有分布。

本属概况： 本属 14 种，从喜马拉雅山经印度尼西亚至菲律宾均有分布，我国产 3 种，其中 1 种为特有。

鸟舌兰属
Ascocentrum

学名·*Ascocentrum garayi*
别名·百代兰

形态特征： 附生兰。叶厚革质，"V"字形对折，绿色。花序直立，比叶长。总状花序密生多数花，可达30朵以上，花橙色；唇瓣三裂；距黄色，棒状。花期春季至夏季。

产地及生境： 产于印度、老挝、泰国、越南、爪哇、马来西亚及菲律宾等国。生于海拔 1200 m 以上的潮湿森林中。

双柄兰属
比佛兰
Bifrenaria

学名·*Bifrenaria harrisoniae*
别名·角茎兰

形态特征： 地生兰。假鳞茎卵形，具棱，株高20～25 cm。叶顶生，椭圆形，薄革质。花茎从假鳞茎基部发出，萼片及花瓣白色，唇瓣紫色，具芳香，花径6～10 cm。花期春季至夏季。

产地及生境： 产于巴西。生于树干或湿润的山石上。

本属概况： 本属22种，产于巴拿马、特立尼达及南美洲。

双柄兰属
卵叶双柄兰
Bifrenaria

学名·*Bifrenaria inodora*
别名·卵叶比佛兰

形态特征： 丛生，假鳞茎锥形，呈四角状。顶生1枚叶，革质，长卵圆形，叶长可达30 cm。花序从去年成熟的假鳞茎底部发出，萼片及花瓣淡绿色，栽培品种有淡黄色、白色等，唇瓣白色至黄色，通常不具香气。花期春季至夏季。

产地及生境： 产于巴西。

白及属
Bletilla

学名 · *Bletilla striata*
异名 · *Bletilla hyacinthina*

形态特征： 植株高 18 ~ 60 cm。假鳞茎扁球形。茎粗壮、劲直。叶 4 ~ 6 枚，狭长圆形或披针形，长 8 ~ 29 cm，宽 1.5 ~ 4 cm，先端渐尖，基部收狭成鞘并抱茎。花序具 3 ~ 10 朵花，常不分枝或极罕分枝；花大，紫红色或粉红色；萼片和花瓣近等长，狭长圆形，先端急尖；花瓣较萼片稍宽；唇瓣较萼片和花瓣稍短，倒卵状椭圆形，白色带紫红色，具紫色脉；唇盘上面具 5 条纵褶片。花期 4 ~ 5 月。

产地及生境： 产于我国陕西、甘肃、江苏、安徽、浙江、江西、福建、湖北、湖南、广东、广西、四川和贵州。生于海拔 100 ~ 3200 m 的常绿阔叶林下、栎树林或针叶林下、路边草丛或岩石缝中。朝鲜半岛、日本和缅甸也有分布。

本属概况： 本属约 6 种，从缅甸北部、中南半岛通过中国到日本及朝鲜均有分布。我国产 4 种。

柏拉兰属 学名·*Brassavola cucullata*
Brassavola 别名·僧帽白拉索

形态特征： 附生兰，株高 20 ～ 40 cm。叶条形，具凹槽，先端尖，基部近圆筒形。花大，花径可达 10 cm 以上，白色，不同品种色泽有差异，上萼片条形，侧萼片披针形，花瓣较上萼片宽，唇瓣卵圆形，具长尾尖。花期夏季。

产地及生境： 产于墨西哥、中美洲、西印度群岛及北美的部分国家。

本属概况： 本属 23 种，产于美洲，附生于树干或岩石上。

柏拉兰属 学名·*Brassavola flagellaris*
Brassavola 别名·鞭叶柏拉兰

形态特征： 附生兰，株高 25 ～ 30 cm。叶鞭形，具凹槽，先端尖，基部近圆筒形，肉质。花序下垂，花径可达 8 cm，花萼与萼片近相似，宽披针形，唇瓣卵圆形，具芳香。花期夏季。

产地及生境： 产于巴西。附生于树干或岩石上。

柏拉兰属
Brassavola | 学名·*Brassavola* Makai Mazum

形态特征： 附生兰，株高约 40 cm。叶带形，革质，先端尖，对折，全缘。花瓣与萼片近等大，宽披针形，淡粉色，唇瓣大，卵圆形，粉色。花期夏季。

产地及生境： 园艺种。

柏拉兰属
Brassavola | 学名·*Brassavola nodosa*

形态特征： 附生兰，株高 15 ～ 25 cm。叶近棒状，凹槽，先端尖。萼片及花瓣相似，带形，淡绿色，唇瓣大，卵圆形，白色，花径 10 ～ 16 cm，具芳香。主要花期秋冬季，其他季节也可见花。

产地及生境： 产于美洲。生于海拔高达 600 m 的低地森林树干或岩石上。

长萼兰属
Brassia
学名·*Brassia verrucosa* ／异名·*Brassia coryandra*
别名·疣斑蜘蛛兰

疣点长萼兰

形态特征：附生兰，株高 20 ～ 30 cm。具假鳞茎。叶长圆形，绿色。总状花序侧生，花瓣浅绿色或近黄绿色，上有褐色横纹，披针形，极长，唇瓣近黄绿色，上有褐色斑点。花期春季至夏季。

产地及生境：产于美洲。生于海拔 900 ～ 2400 m 的树干上。

本属概况：本属 63 种，产于美洲海拔 1500 m 以下的潮湿森林中，以秘鲁安第斯山脉为中心。我国不产。

石豆兰属
Bulbophyllum
学名·*Bulbophyllum ambrosia*

芳香石豆兰

形态特征：根状茎被覆瓦状鳞片状鞘，每相距 3 ～ 9 cm 生 1 个假鳞茎，假鳞茎直立或稍弧曲上举，圆柱形，顶生 1 枚叶。叶革质，长圆形，长 3.5 ～ 13 cm，宽 1.2 ～ 2.2 cm，先端钝并且稍凹入。花葶出自假鳞茎基部，1 ～ 3 个，圆柱形，直立，顶生 1 朵花；花多少点垂，淡黄色带紫色；中萼片近长圆形，侧萼片斜卵状三角形，与中萼片近等长，中部以上偏侧而扭曲呈喙状；花瓣三角形，唇瓣近卵形，中部以下对折。花期通常 2 ～ 5 月。

产地及生境：产于我国福建、广东、海南、香港、广西和云南。生于海拔达 600 ～ 1500 m 的山地林中树干上。分布于越南与尼泊尔。

本属概况：本属约 1900 种，主产于新旧大陆热带地区，我国有 103 种，其中 33 种为特有。

石豆兰属
Bulbophyllum

梳帽卷瓣兰

学名·*Bulbophyllum andersonii*
异名·*Cirrhopetalum andersonii*

形态特征： 根状茎葡匐，假鳞茎在根状茎上彼此相距 3～11 cm，卵状圆锥形或狭卵形。叶革质，长圆形，长 7～21 cm，中部宽 1.6～4.3 cm，先端钝并且稍凹入。花葶黄绿色带紫红色条斑，从假鳞茎基部抽出，直立，伞形花序具数朵花；花浅白色密布紫红色斑点；中萼片卵状长圆形，具 5 条带紫红色小斑点的脉，边缘紫红色，近先端处具齿；侧萼片长圆形，比中萼片长 3～4 倍；花瓣长圆形或多少呈镰刀状长圆形，脉纹具紫红色斑点；唇瓣肉质，茄紫色，唇盘中央具 1 条白色纵条带。花期 2～10 月。

产地及生境： 产于我国广西、四川、贵州和云南。生于海拔 400～2000 m 的山地林中树干上或林下岩石上。分布于印度、缅甸和越南。

石豆兰属
Bulbophyllum

学名·*Bulbophyllum blumei* ／异名·*Cirrhopetalum blumei*
别名·布鲁氏石豆兰

蟑螂石豆兰

形态特征： 附生兰。具假鳞茎，顶生1枚叶。叶长椭圆形，革质，先端钝，基部渐狭成柄，全缘。中萼片直立卷曲，先端尖，侧萼片镰状，较中萼片大，先端渐尖，紫色，边缘黄色。花瓣远小于萼片，紫色，近卵形，唇瓣舌形，较花瓣长。花期不定。

产地及生境： 产于新几内亚、马来西亚及婆罗洲等地。

石豆兰属
Bulbophyllum

学名·*Bulbophyllum* Elizabeth Ann ／异名·*Cirrhopetalum* Elizabeth Ann
别名·'伊丽莎白'卷瓣兰

「伊丽莎白」石豆兰

形态特征： 假鳞茎卵状圆锥形。叶革质，长圆形，先端钝并且稍凹入，基部渐狭成柄，全缘。花葶从假鳞茎基部抽出，弯垂，伞形花序具数朵花；花浅黄密布紫红色条纹；中萼片小，卵圆形，具紫色脉，边缘具流苏；侧萼片长圆形，比中萼片长7～8倍，带紫色条纹；花瓣呈镰刀状长圆形，较中萼片短；唇瓣紫色，反转。花期秋季。

产地及生境： 园艺种。

石豆兰属
Bulbophyllum

学名·*Bulbophyllum falcatum*
别名·小响尾蛇石豆兰

形态特征： 附生兰。假鳞茎卵状圆锥形。叶革质，长圆形，先端钝，基部渐狭成柄，全缘。花葶从假鳞茎基部抽出，直立，花序梗圆形，上部花序轴扁，长约 10 cm，两侧各生于 8～15 朵小花；中萼片及侧萼片上部紫色，下部黄色，反卷；花瓣黄色，极小，肉质；唇瓣舌状，肉质，黄色。花期春季至夏季。

产地及生境： 产于热带非洲，从塞拉利昂至刚果民主共和国及乌干达等地。

石豆兰属
Bulbophyllum

学名·*Bulbophyllum grandiflorum* ／异名·*Sarcopodium grandiflorum*
别名·大花石豆兰

形态特征： 附生兰。假鳞茎圆锥形，具棱，顶生一枚叶。叶革质，长椭圆形，长约 15 cm。花茎直立，着花 1 朵；萼片近等大，上有暗褐色网格状斑纹，扭曲；花瓣小，唇瓣舌状。花期夏季、秋季。

产地及生境： 产于印度尼西亚、新几内亚、所罗门群岛等地。生于海拔 100～800 m 的雨林树干上。

石豆兰属
Bulbophyllum

学名·*Bulbophyllum habrotinum*
异名·*Cirrhopetalum habrotinum*

形态特征：附生兰。假鳞茎卵圆形。叶革质，卵圆形至长椭圆形，先端钝，全缘。花茎悬垂，伞形花序；中萼片小，紫色，侧萼片带状，细长，紫色；花瓣及唇瓣小。花期春季至夏季。

产地及生境：产于婆罗洲海拔600～800 m的森林中。

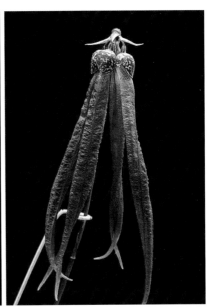

石豆兰属
Bulbophyllum

学名·*Bulbophyllum laxiflorum*
别名·烟火石豆兰

形态特征：附生兰。假鳞茎直立，圆柱形。叶革质，单叶。总状花序伞状，具多花，可达二三十朵，萼片及花瓣近相似，白色，唇瓣小。花期不定。

产地及生境：产于东南亚。生于海拔100～1800 m的低地森林中。

石豆兰属
Bulbophyllum | 学名·*Bulbophyllum lobbii*

形态特征： 附生兰。假鳞茎直立，圆柱形，上着生一枚叶，绿色，长椭圆形。花大，花瓣及萼片淡黄色，中萼片直立，侧萼片镰状弯曲，上具褐色脉纹，花瓣较萼片小，唇瓣黄色。花期夏季。栽培品种繁多。

产地及生境： 产于印度尼西亚、马来西亚及婆罗洲。生于海拔 200 ～ 2000 m 的林中枝干上。

石豆兰属
Bulbophyllum | 学名·*Bulbophyllum longiflorum* 'Tokyo'
异名·*Cirrhopetalum longiflorum* 'Tokyo'

形态特征： 附生兰。假鳞茎卵状圆锥形。叶革质，长圆形，先端钝。伞形花序，花葶从假鳞茎基部抽出，直立，着花 10 ～ 15 朵；中萼片小紫色，侧萼片大，带形，紫色花瓣及唇瓣小。花期春季至夏季。

产地及生境： 园艺种。原种产于海拔 1700 m 以下的热带非洲、澳大利亚等地的热带雨林及山地森林中。

石豆兰属
Bulbophyllum
学名·*Bulbophyllum maximum*

形态特征： 附生兰。假鳞茎卵形，3～5棱。叶革质，长椭圆形，长5～20 cm，宽1.5～5.5 cm，先端尖，基部渐狭成柄，淡绿色。花序由成熟的假鳞茎下部抽生而出，花茎扁平，宽1～5 cm。小花着生于紫色的花序轴二侧，小花淡黄色到黄绿色。花期秋季。

产地及生境： 产于热带非洲。生于海拔1500 m以下的低地森林、山地森林、草原森林中，在覆有腐殖土的岩石上也可见到。

中响尾蛇石豆兰

石豆兰属
Bulbophyllum
学名·*Bulbophyllum palawanense*

形态特征： 附生兰。假鳞茎直立，圆柱形，上着生一枚叶。叶绿色，长椭圆形，下狭成柄。花大，中萼片直立，浅黄色，上有褐色斑点。侧萼片镰状弯曲，上具浅褐色脉纹，花瓣较萼片狭，带形，唇瓣反卷，淡黄色。花期夏季。

产地及生境： 产于菲律宾巴拉望岛，目前没有被承认。

巴拉望石豆兰

石豆兰属
Bulbophyllum

学名·*Bulbophyllum nigrescens*
异名·*Bulbophyllum angusteellipticum*

形态特征：假鳞茎聚生，卵状圆锥形，顶生一枚叶。叶革质，长圆形或长圆状披针形，长10～15 cm，中部宽1～1.5 cm，先端钝，基部收窄为短柄，叶柄对折。花葶从假鳞茎基部抽出，直立；总状花序，具多数偏向一侧的花；花下倾，萼片和花瓣紫黑色或萼片淡黄色，基部紫黑色；中萼片狭卵状披针形；花瓣匙形，唇瓣紫黑色，背面具鲜蓝绿色的条带或浅紫黑色而上面中央具1条紫红色纵带，肉质、舌状。花期4～5月。

产地及生境：产于我国云南。生于海拔700～1800 m的山地常绿阔叶林中树干上。分布于泰国和越南。

石豆兰属
Bulbophyllum

学名·*Bulbophyllum phalaenopsis*
别名·大领带兰、蝴蝶石豆兰

形态特征： 附生兰。假鳞茎圆形，顶生1枚叶。叶芝，带形，长可达1.2 m，下垂，先端钝尖，基部渐狭成短柄。花序从假鳞茎基部抽生而出，每个花序着花15～30朵；花紫色，有臭味。花期夏秋季。

产地及生境： 原产于海拔500 m以下的新几内亚和印度尼西亚。

石豆兰属
Bulbophyllum

学名·*Bulbophyllum planibulbe*
异名·*Cirrhopetalum planibulbe*

形态特征： 附生兰。具匍匐茎，茎节生根，每节生有一枚扁平叶。叶卵圆形，平展。伞形花序从茎节底部抽生，着花数朵。侧萼片略长于中萼片，紫色，花瓣小，卵圆形，唇瓣舌状。花期秋季。

产地及生境： 产于泰国及马来西亚等地。

石豆兰属
Bulbophyllum

学名・*Bulbophyllum umbellatum*
别名・伞形卷瓣兰

形态特征： 根状茎葡匐生根，假鳞茎在根状茎上通常彼此相距 1 ～ 2 cm，卵形或卵状圆锥形，顶生一枚叶。叶革质，长圆形，长 8 ～ 19 cm，中部宽 1.3 ～ 2.8 cm，先端钝并且凹入，基部楔状收窄。花葶从假鳞茎基部抽出，直立，伞形花序常具 2 ～ 4 朵花；花暗黄绿色或暗褐色带淡紫色先端；中萼片卵形，凹的，侧萼片镰状披针形；花瓣卵形，唇瓣浅白色，肉质，舌状。花期 4 ～ 6 月。

产地及生境： 产于我国贵州、台湾、四川、云南和西藏。生于海拔 1000 ～ 2200 m 的山地林中树干上。分布于尼泊尔、不丹、印度、缅甸、泰国和越南。

石豆兰属
Bulbophyllum

学名・*Bulbophyllum violaceolabellum*

形态特征： 根状茎粗壮，葡匐生根，假鳞茎在根状茎上彼此距离 4 ～ 9 cm，卵形，顶生 1 枚叶。叶片稍肉质或革质，长圆形至倒卵状长圆形，长 10 ～ 20 cm，中部宽 2.2 ～ 4.3 cm，先端钝，基部收窄为柄。总状花序缩短呈伞状，常具 3 ～ 5 朵花；花开展，萼片和花瓣黄色，具紫色斑点；中萼片宽卵形，侧萼片离生，卵状三角形；花瓣卵状披针形，唇瓣紫丁香色，肉质，舌形，强烈向下弯曲。花期 4 月。

产地及生境： 产于我国云南。生于海拔约 700 m 的石灰山疏林中树干上。老挝也有分布。

泽泻虾脊兰

虾脊兰属
Calanthe

学名·*Calanthe albolongicalcarata*
别名·细点根节兰

形态特征: 根状茎不明显,假鳞茎细圆柱形,具 3～6 枚叶,无明显的假茎。叶在花期全部展开,椭圆形至卵状椭圆形,形似泽泻叶,通常长 10～14 cm,最长可达 20 cm,宽 4～10 cm,先端急尖或锐尖,基部楔形或圆形并收狭为柄。花葶 1～2 个,从叶腋抽出,直立、纤细、约与叶等长;花白色或有时带浅紫堇色;萼片近相似,近倒卵形,花瓣近菱形,唇瓣基部与整个蕊柱翅合生,比萼片大,向前伸展,3 深裂;侧裂片线形或狭长圆形,中裂片扇形。花期 6～7 月。

产地及生境: 产于我国台湾、湖北、四川、云南和西藏。生于海拔 800～1700 m 的常绿阔叶林下。分布于印度、越南和日本。

本属概况: 本属约 150 种,产于热带及亚热带的亚洲、澳大利亚、新几内亚、西南太平洋群岛以及热带非洲和北美。我国有 51 种,其中 21 种为特有。

虾脊兰属
Calanthe

学名·*Calanthe argenteostriata*

形态特征： 植株无明显的根状茎，假鳞茎粗短，近圆锥形，具3～7枚在花期展开的叶。叶上面深绿色，带5～6条银灰色的条带，椭圆形或卵状披针形，长18～27 cm，宽5～11 cm，先端急尖，基部收狭为柄。总状花序，具10余朵花；花张开；萼片和花瓣多少反折，黄绿色；中萼片椭圆形，侧萼片宽卵状椭圆形；花瓣近匙形或倒卵形，比萼片稍小；唇瓣白色，基部具三列金黄色的小瘤状物，三裂；侧裂片近斧头状，中裂片深二裂。花期4～5月。

产地及生境： 产于我国广东、广西、贵州和云南。生于海拔500～1200 m的山坡林下的岩石空隙或覆土的石灰岩面上。越南也有分布。

虾脊兰属
Calanthe

学名·*Calanthe hancockii*

形态特征： 假鳞茎圆锥形，具3枚尚未展开的叶，假茎粗壮。叶在花期尚未展开，椭圆形或椭圆状披针形，长20～40 cm，宽5～12 cm，先端急尖或锐尖，边缘波状，基部收狭为柄。花葶出自假茎上端的叶间，长达80 cm；总状花序，疏生少数至20余朵花；花大，稍垂头，具难闻气味；萼片和花瓣黄褐色；中萼片长圆状披针形，侧萼片相似于中萼片，等长，但稍狭；花瓣近椭圆形，唇瓣柠檬黄色，基部具短爪，三裂；侧裂片镰状长圆形，中裂片狭倒卵状长圆形，与侧裂片约等宽。花期4～5月。

产地及生境： 产于我国广西、四川和云南。生于海拔1000～3600 m的山地常绿阔叶林下和山谷溪边。

虾脊兰属
Calanthe

学名· *Calanthe mannii*

细花虾脊兰

形态特征： 根状茎不明显，假鳞茎粗短，圆锥形，具 3 ～ 5 枚叶。叶在花期尚未展开，折扇状，倒披针形或有时长圆形，长 18 ～ 35 cm，宽 3 ～ 4.5 cm，先端急尖，基部近无柄或渐狭为柄。花葶从假茎上端的叶间抽出，直立，高出叶层外；总状花序，疏生或密生 10 余朵小花；花小，萼片和花瓣暗褐色；中萼片卵状披针形或有时长圆形，凹陷，侧萼片多少斜卵状披针形或有时长圆形，与中萼片近等长；花瓣倒卵状披针形或有时长圆形，唇瓣金黄色，比花瓣短，侧裂片卵圆形或斜卵圆形，中裂片横长圆形或近肾形。花期 5 月。

产地及生境： 产于我国江西、湖北、广东、广西、四川、贵州、云南和西藏。通常生于海拔 1300 ～ 2400 m 的山坡林下。尼泊尔、不丹、印度、马来西亚和越南也有分布。

虾脊兰属
Calanthe | 学名·*Calanthe petelotiana*

形态特征： 根状茎不明显，假鳞茎具 2 ~ 3 枚尚未全部展开的叶。叶倒披针形，长达 30 cm，宽 5.5 ~ 8 cm，先端近急尖，基部渐狭为细长的柄。花葶从假茎顶端的叶间发出，直立；总状花序，约 10 朵花；花白色带淡紫色，中萼片卵状披针形，侧萼片稍斜卵形；花瓣长圆形，比中萼片稍短，唇瓣扁圆形，不裂，唇盘上具 3 或 5 条肉质褶片。花期 3 月。

产地及生境： 产于我国贵州和云南。生于海拔 1700 m 的山地林下潮湿处。越南也产分布。

虾脊兰属
Calanthe | 学名·*Calanthe reflexa*

形态特征： 假鳞茎粗短，假茎具 4 ~ 5 枚叶。叶椭圆形，通常长 15 ~ 20 cm，宽 3 ~ 6.5 cm，先端锐尖，基部收狭为柄。花葶 1 ~ 2 个，直立，远高出叶层之外；总状花序疏生许多花；花粉红色，开放后萼片和花瓣反折并与子房平行；中萼片卵状披针形，侧萼片斜卵状披针形；花瓣线形，唇瓣三裂，无距；侧裂片长圆状镰刀形，中裂片近椭圆形或倒卵状楔形。花期 5 ~ 6 月。

产地及生境： 产于我国安徽、浙江、江西、台湾、湖北、湖南、广东、广西、四川、贵州和云南。生于海拔 600 ~ 2500 m 的常绿阔叶林下、山谷溪边或生有苔藓的湿石上。日本和朝鲜半岛也有分布。

虾脊兰属
Calanthe

学名·*Calanthe speciosa*

形态特征： 高 50 ～ 120 cm。叶 5 ～ 10 片，二列，长圆状椭圆形，先端尖，叶长 40 ～ 90 cm，宽 4 ～ 9 cm。花葶由假鳞茎下生出，高 30 ～ 45 cm。花黄色，萼片近相似，卵状披针形，花瓣卵状椭圆形。花期夏季至秋季。

产地及生境： 产于我国台湾、香港和海南。生于海拔 500 ～ 1500 m 的山谷林下阴湿处。

虾脊兰属
Calanthe

学名·*Calanthe sylvatica* / 异名·*Calanthe kintaroi*
别名·长距根节兰

形态特征： 植株高达 80 cm。假鳞茎狭圆锥形，具 3 ～ 6 枚叶。叶在花期全部展开，椭圆形至倒卵形，长 20 ～ 40 cm，宽达 10.5 cm，先端急尖或渐尖，基部收狭为柄，边缘全缘。花葶从叶丛中抽出，直立；总状花序疏生数朵花，花淡紫色，唇瓣常变成橘黄色；中萼片椭圆形，侧萼片长圆形；花瓣倒卵形或宽长圆形，唇瓣三裂；侧裂片镰状披针形，中裂片扇形或肾形。花期 4 ～ 9 月。

产地及生境： 产于我国台湾、湖南、广东、香港、广西、云南和西藏。生于海拔 800 ～ 2000 m 的山坡林下或山谷河边等阴湿处。分布于尼泊尔、不丹、印度、日本、泰国、马来西亚、印度尼西亚、斯里兰卡至南部非洲和马达加斯加。

三棱虾脊兰

虾脊兰属
Calanthe

学名·*Calanthe tricarinata*
别名·三板根节兰

形态特征： 根状茎不明显，假鳞茎圆球状，具 3～4 枚叶，假茎粗壮。叶在花期时尚未展开，薄纸质，椭圆形或倒卵状披针形，通常长 20～30 cm，宽 5～11 cm，先端锐尖或渐尖，基部收狭为鞘状柄，边缘波状。花葶从假茎顶端的叶间发出，直立；总状花序疏生少数至多数花；花张开，质地薄，萼片和花瓣浅黄色；萼片相似，长圆状披针形；花瓣倒卵状披针形，唇瓣红褐色，三裂；侧裂片小，中裂片肾形，无距。花期 5～6 月。

产地及生境： 产于我国陕西、甘肃、台湾、湖北、四川、贵州、云南和西藏。生于海拔 1300～3500 m 的山坡草地上或混交林下。分布于克什米尔地区、尼泊尔、不丹、印度和日本。

虾脊兰属
Calanthe

学名·*Calanthe triplicata*
异名·*Calanthe rubicallosa*

形态特征： 根状茎不明显，假鳞茎卵状圆柱形，具 3～4 枚叶。叶在花期全部展开，椭圆形或椭圆状披针形，长约 30 cm，宽达 10 cm，先端急尖，基部收狭为柄，边缘常波状。花葶从叶丛中抽出，直立；总状花序密生许多花；花白色或淡紫红色，后来转为橘黄色；萼片和花瓣常反折，中萼片近椭圆形，侧萼片稍斜的倒卵状披针形；花瓣倒卵状披针形，唇瓣比萼片长，向外伸展，基部具 3～4 列金黄色或橘红色小瘤状附属物，3 深裂；侧裂片卵状椭圆形至倒卵状楔形；中裂片深二裂。花期 4～5 月。

产地及生境： 产于我国福建、台湾、广东、香港、海南、广西和云南。生于海拔 700～2400 m 的常绿阔叶林下。广布于日本、菲律宾、越南、马来西亚、印度尼西亚、印度、澳大利亚和太平洋邻近一些岛屿以及非洲的马达加斯加。

虾脊兰属 | 学名·*Calanthe* Rozel
Calanthe

「罗杰」虾脊兰

形态特征： 假鳞茎卵圆形，具 3～4 枚叶。叶在花期全部展开，长椭圆形，先端尖，基部收狭为柄状。花葶从叶丛中抽出，直立；总状花序密生许多花；花紫红色；萼片和花瓣常反折，近相似，唇瓣大，伸展，3 深裂；裂片卵形。花期春季。

产地及生境： 园艺种。

龙须兰属 | 学名·*Catasetum tenebrosum*
Catasetum | 别名·褐花龙须兰、盔状飘唇兰

蝙蝠侠

形态特征： 具假鳞茎，株高 20～30 cm，茎顶生叶。叶套叠生长，6～8 片，叶长椭圆形，先端尖，基部渐狭。花茎由假鳞茎底部生出，着花数朵。雄花花瓣与萼片近相似，卵圆形，褐色，唇瓣黄绿色，近心形。雌花花瓣与萼片近相似，黄绿色并带暗褐色，唇瓣盔状。花期春季至夏季。

产地及生境： 产于秘鲁、厄瓜多尔、巴西、哥伦比亚、委内瑞拉等地。生于海拔 500～1800 m 的滨河森林中岩石上。

本属概况： 本属约 195 种，产于墨西哥至阿根廷等地，包括中南美洲、西印度群岛，主产于巴西，我国不产。

安格勒卡特兰

卡特兰属
Cattleya

学名·*Cattleya angereri* / 异名·*Laelia angereri*
别名·安格勒蕾丽兰

形态特征： 附生兰，株高可达 35 cm 甚至更高。假鳞茎细长，顶生一枚叶。叶长可达 30 cm，先端尖，叶子暗绿色，全缘。总状花序直立，约有 10 朵花。花砖红至橙色，花径达 5 cm，萼片与花瓣近等大，唇瓣边缘波状。花期春季。

产地及生境： 产于巴西。生于海拔 1000 ~ 1300 m 灌层下的岩石上或草丛中。

本属概况： 本属约 190 种，我国不产，产于哥斯达黎加至阿根廷。附生于树干上或山石上。

阿拉瓜伊纳卡特兰

卡特兰属
Cattleya

学名·*Cattleya araguaiensis*

形态特征： 假鳞茎细棍棒形，株高约 15 cm，假鳞茎顶生一枚叶。叶长椭圆形，绿色，革质。花葶着生于茎顶，每茎一般着花 1 朵，花瓣及花萼近相似，近条形，浅褐色。唇瓣卷起重叠近圆筒形，前端紫色，下端白色。花期夏至秋。

产地及生境： 产于巴西。生于海拔 300 ~ 600 m 的低矮山地的热带雨林的树干上。

卡特兰属
Cattleya

学名·*Cattleya candida*
异名·*Cattleya caucaensis*

形态特征： 附生兰。假鳞茎棍棒形。叶顶生，长椭圆形，革质。具花 2 ～ 3 朵，萼片宽披针形，花瓣卵圆形，白色或略带粉色，唇瓣侧裂片卷成筒状，唇瓣前部紫色，中部褐黄色，底部浅紫色，花径 18 cm。花期冬季。

产地及生境： 产于哥伦比亚。生于海拔 600 ～ 1500 m 的林中。

卡特兰属
Cattleya

学名·*Cattleya coccinea* / 异名·*Sophronia coccinea*
别名·绯红贞兰、朱色兰

形态特征： 附生兰。假鳞茎簇生，顶生一枚叶。叶绿色，椭圆形。花顶生，1 朵，花瓣及萼片红色，花瓣较萼片宽大，唇瓣舌状，三裂，红色，基部黄色。花期秋季至次年春季。

产地及生境： 产于巴西。生于海拔 650 ～ 1670 m 的森林中。

卡特兰属
Cattleya

学名·*Cattleya eldorado* 'Flamea-M.Ito'

形态特征: 附生兰。假鳞茎近圆筒形,茎顶生一枚叶。叶长椭圆状披针形,长 20 cm。花茎着花 3 ～ 6 朵,开展,萼片狭椭圆形,花瓣阔,较萼片大,粉红色,唇瓣大,前端紫红色,下部黄色。花期夏冬季节。

产地及生境: 园艺种,原种产于巴西。

卡特兰属
Cattleya

学名·*Cattleya harpophylla* / 异名·*Laelia harpophylla*
别名·镰花蕾丽兰

形态特征: 附生兰。假鳞茎长棍棒形,顶生一枚叶。叶宽披针形,先端尖。花序顶生,具花 3 ～ 5 朵,花橘黄色或橘红色,萼片及花瓣近等大,镰形,唇瓣带形,边缘波状,花径 4.5 ～ 6 cm。花期春季。

产地及生境: 产于巴西。生于海拔 500 ～ 900 m 的湿地森林中。

卡特兰属
Cattleya

学名·*Cattleya intermedia*

形态特征： 假鳞茎细棍棒形。双叶，长椭圆形，绿色，具光泽，革质。花葶着生于茎顶，每茎着花 3～9 朵，花瓣及萼片淡粉色，唇瓣先端紫红色，波状，基部淡粉色。花期春季。

产地及生境： 园艺品种，原种产于巴西、乌拉圭及阿根廷。附生于近海的岩石或树干上。栽培的品种有'阿奎那—奥尔塔' *Cattleya intermedia* 'Aquinii Orlata'，早花卡特兰'蓝花阿奎那'早花卡特兰 *Cattleya intermedia* 'Coerulea-aquinii'、'蓝边'早花卡特兰 *Cattleya intermedia* 'Coerulea-marginata'。

◆ '阿奎那－奥尔塔'　　◆ '阿奎那－奥尔塔'　　◆ '蓝花阿奎那'早花卡特兰

◆ '蓝花阿奎那'早花卡特兰　　◆ '蓝边'早花卡特兰

卡特兰属 | 学名·*Cattleya iricolor*
Cattleya

形态特征： 假鳞茎棍棒形。单叶，革质，长椭圆形。花萼及花瓣近相似，狭长，披针形，淡黄色至乳白色，唇瓣淡黄色具紫色斑块。花期初夏至秋季。

产地及生境： 产于厄瓜多尔及秘鲁，生于海拔 900 ～ 1220 m 的大树枝梢上。

卡特兰属 | 学名·*Cattleya jenmanii* Coerulea 'Blue Marlin'
Cattleya

形态特征： 附生兰。假鳞茎扁棒形，单叶种，茎顶生叶。叶长椭圆形，先端尖，革质。萼片椭圆状披针形，花瓣近卵形，浅蓝色，唇瓣具紫色脉纹，下部具黄色脉纹。花期秋季至冬季。

产地及生境： 园艺品种，产于委内瑞拉。生于海拔 800 ～ 1200 m 的森林树干上。

卡特兰属
Cattleya

学名 · *Cattleya labiata* 'Alba'

形态特征： 假鳞茎扁棒形。单叶，叶长椭圆形，革质。花大型，开展，花瓣与萼片均为白色，萼片近披针形，花瓣卵圆形，唇瓣大，基部近黄色。花期秋季。

产地及生境： 园艺品种，原种产于巴西。生于海拔 400 ~ 1000 m 以上的林中树干上部。栽培的品种有'爱蒙娜'卡特兰 *Cattleya labiata* 'Amoena'、'同色'卡特兰 *Cattleya labiata* 'Concolor'。

◆ '爱蒙娜'卡特兰

◆ '爱蒙娜'卡特兰

◆ '同色'卡特兰

◆ '同色'卡特兰

卡特兰属 | 学名·*Cattleya loddigesii*
Cattleya | 别名·美花卡特兰

形态特征： 附生兰。假鳞茎棍棒形，顶生二枚叶。叶片椭圆形，革质。花序顶生，2～9朵花，萼片长卵形，粉红色，花瓣卵形，粉红色，唇瓣小，波状。栽培个体间色泽差异较大。花期秋季。

产地及生境： 产于巴西、阿根廷及乌拉圭。栽培的品种有 *Cattleya loddigesii* 'Yoranda Nakazone'。

◆ *Cattleya loddigesii* 'Yoranda Nakazone'

卡特兰属 | 学名·*Cattleya lueddemanniana* 'Alba'
Cattleya

形态特征： 假鳞茎细圆柱形。单叶，长椭圆形。花瓣及花萼白色，萼片狭披针形，花瓣斜卵圆形，唇瓣白，基部有黄色纵纹。花期冬季至次年春季。

产地及生境： 园艺种，原种产于委内瑞拉。生于海拔 550 m 以下的北部海岸山脉中。栽培的品种有'白花红心'鲁埃德曼卡特兰 *Cattleya lueddemanniana* 'Semi-alba'。

◆ '白花红心'鲁埃德曼卡特兰

卡特兰属
Cattleya

学名·*Cattleya lundii*
异名·*Sophronitis lundii*

形态特征：附生兰，假鳞茎较短，密生，株高 15 ～ 30 cm。叶顶生，条形，革质。花瓣及萼片近等大，长椭圆形，白色。唇瓣白色带紫色脉纹。花期春季。

产地及生境：产于巴西及玻利维亚。生于 740 ～ 1000 m 的灌木丛中的树干上。栽培的品种有'白花'伦氏卡特兰 *Cattleya lundii* 'Alba'，与原种的区别是唇瓣为白色。

◆ '白花'伦氏卡特兰

◆ '白花'伦氏卡特兰

大花卡特兰

卡特兰属
Cattleya

学名·*Cattleya maxima*
别名·马克西马卡特兰

形态特征： 附生兰。假鳞茎稍呈扁棍棒形。单叶，长椭圆形，革质。一般着花数朵，多者可达 15 朵，花瓣淡紫色至淡粉色，具紫色脉纹，反卷。唇瓣三裂，侧裂片合成筒状，淡紫色具紫色脉纹，中间黄色。花期秋季。

产地及生境： 产于秘鲁、哥伦比亚及厄瓜多尔。生于海拔 900～1800 m 的丛林树干上。

「浅蓝」委内瑞拉卡特兰

卡特兰属
Cattleya

学名·*Cattleya mossiae* 'Coerulea'

形态特征： 附生兰。假鳞茎纺锤形。单叶，长椭圆形，革质。花萼及花瓣粉红色至紫红色，花瓣远大于萼片，唇瓣卵圆形，呈波浪状，基部淡黄色。花期春季。

产地及生境： 园艺种，原种产于委内瑞拉，厄瓜多尔及哥伦比亚等地也有发现，为委内瑞拉国花。多生于海拔 1200～1600 m 的树干上。

第二部分　栽培原种属

卡特兰属
Cattleya

学名·*Cattleya porphyroglossa*

形态特征： 附生兰。假鳞茎棍棒形，顶生二枚叶。叶长椭圆形。花茎顶生，着花可达 10 余朵，中萼片近直立，长椭圆形，花瓣及萼片镰形，红褐色，唇瓣带形，紫色。花期春季至夏季。

产地及生境： 产于巴西。

卡特兰属
Cattleya

学名·*Cattleya purpurata* 'Flamea'

异名·*Sophronitis purpurata* 'Flamea'

形态特征： 附生兰。假鳞茎卵圆形，顶生一枚叶。花茎顶生，3 ～ 5 朵花，粉红色，本品种萼片披针形，花瓣较萼片宽，边缘波状，唇瓣大，侧裂片合生，紫色。花期夏季。

产地及生境： 园艺种，原种产于巴西。生于沿海地区的高大树木的树冠上。栽培的品种有'白花'紫花卡特兰 *Cattleya purpurata* 'Semi-alba'，花瓣及萼片白色。'朱红'紫花卡特兰 *Cattleya purpurata* 'Vinicolor'，唇瓣朱红色。

◇ '白花'紫花卡特兰

◇ '朱红'紫花卡特兰

岩生卡特兰

卡特兰属
Cattleya

学名·*Cattleya rupestris* / 异名·*Laelia rupestris*
别名·岩生蕾丽兰

形态特征：附生兰。假鳞茎圆锥形，直立，顶生一枚叶。叶长椭圆形，革质。花顶生，粉红色，萼片及花瓣近相似，椭圆形，唇瓣前端紫色，较花瓣及萼片小。花期春季。

产地及生境：产于巴西。生于岩石上。

席氏卡特兰

卡特兰属
Cattleya

学名·*Cattleya schilleriana*

形态特征：附生兰。假鳞茎直立，棍棒形，顶生双叶。叶椭圆形，长 5 ～ 10 cm，革质，叶上面绿色，背面淡紫色。萼片及花瓣近相似，长椭圆形，边缘波状，淡紫色，上面有深褐色斑点，唇瓣侧裂片形成筒状，白底具紫红色脉纹。花期夏秋季节。

产地及生境：产于巴西。生于东海岸的 300 ～ 800 m 的山林树干上。

施罗德卡特兰

卡特兰属
Cattleya

学名 · *Cattleya schroederae*

形态特征：假鳞茎棍棒形。叶长椭圆形，革质。花瓣、萼片及唇瓣桃红色，唇瓣基部黄色。花瓣大，萼片狭长。花期春季。

产地及生境：产于哥伦比亚。生于海拔 700 ～ 2000 m 之间的丛林树干上。

美玉卡特兰

卡特兰属
Cattleya

学名 · *Cattleya sincorana*
异名 · *Laelia sincorana*

形态特征：附生兰。假鳞茎扁卵圆形，单叶顶生。叶卵形或长椭圆形，革质。花顶生，粉红色，萼片及花瓣近相似，花瓣略大，椭圆形。唇瓣较大，侧裂片围成圆筒状，唇瓣紫红色。花期春季至夏季。

产地及生境：产于巴西。生于海拔 1100 ～ 1500 m 的树干上。

卡特兰属
Cattleya | 学名·*Cattleya trianae*

形态特征：附生兰。假鳞茎粗大。叶长椭圆形，长20～25 cm，基质。花茎由鳞茎底部抽出，着花2～3朵，花开展。萼片狭披针形，花瓣大，卵圆形，淡桃红色，唇瓣紫色，基部黄色。花期冬季。

产地及生境：产于哥伦比亚。生于海拔1500～2500 m的树干上。

卡特兰属
Cattleya | 学名·*Cattleya violacea*

形态特征：附生兰，株高20～25 cm。假鳞茎棍棒形，顶生二枚叶。叶革质，椭圆形。花顶生，堇紫色，花瓣与萼片近相似，椭圆形，唇瓣紫色，具芳香。花期秋至冬。

产地及生境：产于巴西、厄瓜多尔、哥伦比亚、委内瑞拉、圭亚那等地。生于海拔200～700 m潮湿丛林的树干上。

卡特兰属
Cattleya

学名·*Cattleya walkeriana* 'Alba'

形态特征： 假鳞茎纺锤形。单叶，长卵圆形，绿色，革质。原种的花瓣及萼片紫红色，唇瓣前端扇形，紫红色，基部黄白色。本品种萼片及花瓣白色，唇瓣白色带有黄色。花期秋至早春。

产地及生境： 园艺种，原种产于巴西。生于海拔 2000 m 以下的石灰岩或树干上。栽培的品种有'达亚尼—温泽'走路人卡特兰 *Cattleya walkeriana* 'Dayane Wenzel'、'檀香山'走路人卡特兰 *Cattleya walkeriana* Coerulea 'Honolulu Blue'、'蓝色曼哈顿'走路人卡特兰 *Cattleya walkeriana* Coerulea 'Manhattan Blue'、'白花天使'走路人 *Cattleya walkeriana* Semi-alba 'Angel'、'SFT-5'路人卡特兰 *Cattleya walkeriana* 'SFT-5'、'东京 1 号'走路人卡特兰 *Cattleya walkeriana* 'Tokyo No1'。

◆ '达亚尼—温泽'走路人卡特兰

◆ '檀香山'走路人卡特兰

◆ '蓝色曼哈顿'走路人卡特兰

◆ '白花天使'走路人

◆ '东京 1 号'走路人卡特兰

◆ 'SFT-5'路人卡特兰

沃利斯卡特兰

沃利斯卡特兰

卡特兰属
Cattleya

学名·*Cattleya wallisii* / 异名·*Laelia wallisii*
别名·沃利斯蕾丽兰

形态特征： 附生兰。假鳞茎棒状，顶生一枚叶。叶长椭圆形，革质。花序顶生，着花1～3朵，萼片宽披针形，花瓣长椭圆形，淡紫色，唇瓣侧裂片围成筒状，基部黄色，芳香。花期春季。

产地及生境：

产于哥伦比亚及委内瑞拉山地森林中。生于树干或岩石上。

瓦氏卡特兰

瓦氏卡特兰

卡特兰属
Cattleya

学名·*Cattleya warscewiczii*

形态特征： 附生兰，株高可达60 cm。假鳞茎纺锤形，叶顶生。叶长椭圆形，绿色，革质。花瓣及萼片粉红色，唇瓣近红色，基部两侧各有一淡黄色斑。花期春季。

产地及生境： 产于哥伦比亚。生于海拔700～1100 m的溪流附近的树木上。

独花兰属 Changnienia
学名·*Changnienia amoena*

形态特征： 假鳞茎近椭圆形或宽卵球形。叶 1 枚，宽卵状椭圆形至宽椭圆形，长 6.5 ～ 11.5 cm，宽 5 ～ 8.2 cm，先端急尖或短渐尖，基部圆形或近截形，背面紫红色。花大，白色而带肉红色或淡紫色晕，唇瓣有紫红色斑点；萼片长圆状披针形，侧萼片稍斜歪；花瓣狭倒卵状披针形，略斜歪，唇瓣略短于花瓣，三裂，基部有距。花期 4 月。

产地及生境： 产于我国陕西、江苏、安徽、浙江、江西、湖北、湖南和四川。生于海拔 400 ～ 1800 m 疏林下腐殖质丰富的土壤上或沿山谷荫蔽的地方。

本属概况： 单种属，仅见于我国亚热带地区。

异型兰属 Chiloschista
学名·*Chiloschista extinctoriformis*

形态特征： 附生草本，无明显的茎，具多数长而扁的根。无叶。花序下垂，被毛，具多数花；花小，开展，花上端白色，基部近黄色，上具黄褐色斑点，萼片和花瓣相似，唇瓣三裂，基部以 1 个活动的关节着生在蕊柱足末端，具明显的萼囊；侧裂片直立，较大。花期春季。

产地及生境： 产于泰国。

本属概况： 本属约 10 种，从印度次大陆至东南亚、澳大利亚均有分布，我国产 3 种，均为特有。

大蜘蛛兰

异型兰属
Chiloschista

学名·*Chiloschista viridiflava*
别名·泰国大蜘蛛兰

形态特征: 附生草本,无明显的茎,具多数长而扁的根。无叶。花序细长,具多数花;花小,直径约 1 cm,开展,萼片和花瓣相似,黄绿色。侧萼片和花瓣均贴生在蕊柱足上;唇瓣三裂,中裂片知小,前伸,侧裂片直立,较大,中部黄褐色。花期春季。

产地及生境: 产于泰国。附生于林中树干上。

异型兰

异型兰属
Chiloschista

学名·*Chiloschista yunnanensis*

形态特征: 茎不明显。通常无叶,至少在花期时无叶。花序 1 ~ 2 个,下垂,不分枝,密布茸毛,绿色带紫色斑点;花序轴疏生多数花;花质地稍厚,萼片和花瓣茶色或淡褐色,除基部外周边为浅白色,具 5 条脉;中萼片向前倾,卵状椭圆形,先端圆形;侧萼片卵圆形,与中萼片等大,先端圆形;花瓣近长圆形,唇瓣黄色,三裂;侧裂片直立,狭长圆形,较大,中裂片很短,先端钝并且凹入。花期 3 ~ 5 月,果期 7 月。

产地及生境: 产于我国云南和四川。生于海拔 700 ~ 2000 m 的山地林缘或疏林中树干上。

吉西兰属
Chysis
学名·*Chysis bractescens*

形态特征： 附生兰，假鳞茎大，圆形，株高 45～60 cm。叶片着生于茎上部，椭圆形，纸质。花序由茎底部发出，花序下垂，可多达 10 朵花，花径 7.5 cm 左右。花瓣及萼片近相似，唇瓣黄色，栽培种花瓣及萼片带有紫色等其他色泽。花期晚春至初夏。

产地及生境： 产于墨西哥、危地马拉、伯利兹、萨尔瓦多、洪都拉斯及尼加拉瓜。生于海拔 800～1500 m 的树上或岩石上。

本属概况： 本属约 10 种，产于墨西哥至秘鲁。

隔距兰属
Cleisostoma
学名·*Cleisostoma filiforme*

形态特征： 植株悬垂。叶二列互生，肉质、细圆柱形，长达 33 cm，粗 2～2.5 mm，先端稍钝，基部具关节和抱茎的长鞘。花序侧生，分枝或不分枝，总状花序或圆锥花序密生多数花；花开放，萼片和花瓣反折，黄绿色带紫褐色条纹；中萼片卵状椭圆形，舟状，侧萼片近长圆形；花瓣近长圆形，比萼片小得多，先端钝，唇瓣三裂；

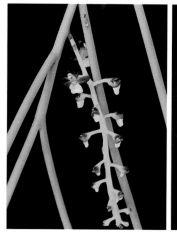
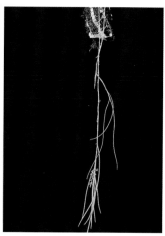

侧裂片白色，直立，三角形，中裂片紫红色，箭头状三角形，与侧裂片等长。花期 9～10 月。

产地及生境： 产于海南、广西、云南。生于海拔 400～1000 m 的常绿阔叶林中树干上。分布于尼泊尔、印度、缅甸、泰国、越南。

本属概况： 本属约 100 种，产于斯里兰卡、印度、马来西亚、印度尼西亚、菲律宾、新几内亚、太平洋群岛及澳大利亚。我国有 16 种，其中 4 种为特有。

隔距兰属
Cleisostoma

学名·*Cleisostoma fuerstenbergianum*

形态特征： 茎直立或弧形弯曲，细圆柱形，疏生多数偏向一侧的叶。叶肉质，细圆柱形，斜立或上部外弯呈弧形，长达 25 cm，粗 2 ～ 3 mm，先端稍钝。花序侧生，斜立，疏生许多花；萼片和花瓣反折，黄色带紫褐色条纹；中萼片卵状椭圆形，舟状，侧萼片近长圆形；花瓣狭长圆形，比萼片短，唇瓣白色，三裂；侧裂片直立，三角形，上半部收狭呈镰刀状，

先端内折，其内折部分近长方形，紫色；中裂片近肉质，箭头状三角形；距近球形。花期5 ～ 6月。

产地及生境： 产于我国贵州和云南。生于海拔 700 ～ 2000 m 的山地常绿阔叶林中树干上。也见于老挝、越南、柬埔寨和泰国。

隔距兰属
Cleisostoma

学名·*Cleisostoma paniculatum*
别名·虎皮隔距兰

形态特征： 茎直立，扁圆柱形。叶革质，多数，紧靠、二列互生，扁平，狭长圆形或带状，长 10 ～ 25 cm，宽 8 ～ 20 mm，先端钝并且不等侧二裂。花序生于叶腋，圆锥花序具多数花，花开展，萼片和花瓣在背面黄绿色，内面紫褐色，边缘和中肋黄色；中萼片近长圆形，凹的，先端钝；侧萼片斜长圆形，约等大于中萼片；花瓣比萼片稍小；唇瓣黄色，三裂；侧裂片直立，较小、三角形；距黄色，圆筒状，劲直。花期 5 ～ 9月。

产地及生境： 产于我国江西、福建、台湾、广东、香港、海南、广西、四川、贵州和云南。生于海拔 240 ～ 1240 m 的常绿阔叶林中树干上或沟谷林下岩石上。越南也有分布。

隔距兰属
Cleisostoma

学名·*Cleisostoma racemiferum*

形态特征： 茎直立，粗壮。叶厚革质，扁平、带状，长达 29 cm，宽 3～4 cm，先端钝并且不等侧二裂。花序出自叶腋，圆锥花序疏生许多花；萼片和花瓣黄色带褐红色斑点；中萼片近长圆形，侧萼片稍斜长圆形；花瓣长圆形，唇瓣白色，三裂；侧裂片直立，三角形。花期 6 月。

产地及生境： 产于我国云南。生于海拔 600～1800 m 的山坡疏林中树干上。分布于不丹、印度、缅甸、泰国、老挝、越南及尼泊尔。

隔距兰属
Cleisostoma

学名·*Cleisostoma rostratum*

形态特征： 茎伸长，近圆柱形。叶二列，革质，扁平，狭披针形，长 9～15 cm，宽 7～13 mm，先端急尖，近先端处骤然缢缩而向先端收窄，基部稍收窄。花序对生于叶，出自茎上部，斜出，总状花序疏生许多花；花开展，萼片和花瓣黄绿色带紫红色条纹；中萼片近椭圆形，舟状，侧萼片稍斜倒卵形；花瓣近长圆形，唇瓣紫红色，三裂；侧裂片直立，近三角形，先

端骤然变尖为钻状；中裂片稍肉质，狭卵状披针形；距近似漏斗，劲直。花期 7～8 月。

产地及生境： 产于我国香港、海南、广西、贵州、云南及广东。生于海拔 300～1800 m 的常绿阔叶林中树干上或石灰山的灌木林树枝上和阴湿岩石上。柬埔寨、泰国、老挝和越南也有分布。

隔距兰属
Cleisostoma

学名·*Cleisostoma williamsonii*

形态特征： 植株通常悬垂，茎细圆柱形。叶肉质，圆柱形，伸直或稍弧曲。花序侧生，斜出，总状花序或圆锥花序密生许多小花；花粉红色，开放；中萼片卵状椭圆形，舟状，侧萼片斜卵状椭圆形；花瓣长圆形，唇瓣深紫红色，三裂；侧裂片直立，舌状长圆形，中裂片肉质，狭卵状三角形；距球形，两侧稍压扁。花期4～6月。

产地及生境： 产于我国广东、海南、广西、贵州和云南。生于海拔300～2000 m的山地林中树干上或山谷林下岩石上。不丹、印度、越南、泰国、马来西亚和印度尼西亚也有分布。

克劳兰属
Clowesia

学名·*Clowesia* Jumbo Grace

形态特征： 附生兰。假鳞茎圆棒形，具节，老茎叶片脱落。叶片从新的假鳞茎发出，套叠，长椭圆形，纸质。花序梗下垂，着花十余朵或更多，全体粉红色，萼片及花瓣近等大，卵圆形，唇瓣前端具流苏。花期冬季。

产地及生境： 园艺种。

本属概况： 本属约7种，产于中南美洲。

贝母兰属
Coelogyne

学名·*Coelogyne cristata*
别名·毛唇贝母兰

形态特征： 根状茎较坚硬，多分枝，假鳞茎长圆形或卵形，顶端生二枚叶。叶线状披针形，坚纸质，长 5 ～ 17 cm，宽 4 ～ 19 mm，先端长渐尖，基部渐狭，具不明显的短柄。总状花序，具 2 ～ 4 朵花；花白色，较大；萼片披针形或长圆状披针形；花瓣与萼片相似，唇瓣卵形，凹陷，三裂；侧裂片半卵形，近全缘，直立；中裂片宽倒卵圆形或近扁圆形，唇盘上有 5 条褶片完全撕裂成流苏状毛。花期 5 月。

产地及生境： 产于我国西藏。生于海拔 1700 ～ 1800 m 的林缘大岩石上。不丹、尼泊尔、印度也有分布。栽培的品种有'白花'贝母兰 *Coelogyne cristata* 'Alba'、'柠檬'贝母兰 *Coelogyne cristata* 'Lemoniana'。

本属概况： 本属约 200 种，产于热带、亚热带的亚洲和大洋洲。我国有 31 种，其中 6 种为特有。

◆ '白花'贝母兰

◆ '柠檬'贝母兰

贝母兰属
Coelogyne

学名·*Coelogyne flaccida*

形态特征: 根状茎粗壮,坚硬,假鳞茎长圆形或近圆柱形,顶端生二枚叶。叶革质,长圆状披针形至椭圆状披针形,长 13 ~ 19 cm,宽 3 ~ 4.5 cm,先端近渐尖或略呈短尾状,基部收狭为柄。总状花序疏生 8 ~ 10 朵花;花浅黄色至白色,唇瓣上有黄色和浅褐色斑;中萼片长圆形或长圆状披针形,侧萼片稍狭;花瓣线状披针形,略短于萼片,唇瓣近卵形,侧裂片直立,半卵形,中裂片近长圆形,唇盘上有 3 条纵褶片。花期 3 月。

产地及生境: 产于我国贵州、广西和云南。生于海拔约 1600 ~ 1700 m 的林中树上。印度、尼泊尔、缅甸和老挝也有分布。

贝母兰属
Coelogyne

学名·*Coelogyne fuscescens* var. *brunnea*

形态特征: 假鳞茎在根状茎上较密集,近长圆形,顶端生二枚叶。叶长圆状倒披针形,革质,长 11.5 ~ 13.5 cm,宽 1.3 ~ 2 cm,先端钝或急尖,基部收狭为柄。总状花序通常具 2 朵花;萼片近长圆形,先端渐尖或近短尾状;花瓣线形,唇瓣卵形,基部凹陷;侧裂片半卵形,中裂片卵形,唇盘上有 3 条纵脊。花期 6 月。

产地及生境: 产于我国云南。生于海拔 1300 m 的岩石上。越南、老挝、缅甸和泰国也有分布。

贝母兰属
Coelogyne | 学名·*Coelogyne pandurata*

形态特征：假鳞茎长圆形，顶生二枚叶。叶长圆形或椭圆形，先端渐尖，基部具鞘。花顶生，下垂，花黄绿色，花大。萼片长圆形，先端尖，花瓣长椭圆形，较萼片窄，唇瓣三裂，侧裂片直立，还有褐色网纹，中裂片卵形，基部带褐色。花期春季。

产地及生境：产于马来西亚、印度尼西亚的苏门答腊、菲律宾及婆罗洲等地。

贝母兰属
Coelogyne | 学名·*Coelogyne prolifera*

形态特征：假鳞茎狭卵状长圆形，顶端生二枚叶。叶长圆状披针形或近长圆形，长8～13 cm，宽1.6～2.1 cm，先端渐尖。总状花序通常具4～6朵花；花绿色或黄绿色，较小，直径约1 cm；中萼片长圆形，侧萼片卵状长圆形，大小与中萼片相近；花瓣线形，唇瓣近卵形，三裂，侧裂片卵形，直立；中裂片近椭圆形，唇盘上无褶片或脊。蒴果长圆形。花期6月。

产地及生境：产于我国云南。生于海拔1100～2000 m林中树上或岩石上。尼泊尔、印度、缅甸、老挝和泰国也有分布。

贝母兰属
Coelogyne | 学名·*Coelogyne usitana*

形态特征： 假鳞茎卵形或者圆柱状。叶顶生，绿色，质地较薄，长椭圆形。花白色，萼片与花瓣近等长，卵圆形，先端尖，花瓣线形，唇瓣大，紫褐色，三裂，侧裂片直立，蕊柱黄色。主要花期春季至夏季。

产地及生境： 附生兰。生于海拔 800 m 左右的菲律宾棉兰老岛上。

贝母兰属
Coelogyne | 学名·*Coelogyne viscosa*

形态特征： 假鳞茎卵形或圆柱状卵形，顶端生二枚叶。叶线形，禾叶状，革质，长 30 ～ 40 cm，宽 8 ～ 12 mm，先端钝，基部略收狭，无明显的叶柄。总状花序具 2 ～ 4 朵花；花白色，仅唇瓣带褐色与黄色

斑；中萼片长圆形，侧萼片稍狭；花瓣与侧萼片相似；唇瓣卵形，三裂；侧裂片近半卵形，直立，中裂片近卵形，唇盘上有 3 条纵褶片。花期 1 月，果期 9 ～ 11 月。

产地及生境： 产于我国云南。生于海拔 700 ～ 2000 m 的林下岩石上。越南、老挝、缅甸、泰国、马来西亚和印度也有分布。

吊桶兰属
Coryanthes

吊桶兰

学名·*Coryanthes macrantha*
异名·*Gongora macrantha*

形态特征：
附生兰。假鳞茎长圆形，具棱。叶顶生，折扇状，长椭圆形，先端尖，基部渐狭，全缘，纸质。总状花序，花茎下垂，1～3朵花，大花仅1花。萼片开展，

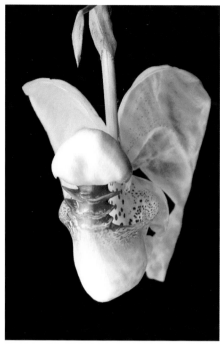

"之"字形，侧萼片最大。花瓣小，线形，直立，唇瓣大，桶状，上有褐色斑点。花期春季。

产地及生境： 产于美洲南部。

本属概况： 本属约60种，产于中南美洲及墨西哥、特立尼达和多巴哥。

天鹅兰属
Cycnoches

黄鹅颈兰

学名·*Cycnoches herrenhusanum*

形态特征： 附生兰。假鳞茎较大，圆柱状。叶顶生，较薄，长椭圆形，绿色，冬季落叶。萼片及花瓣近相似，长椭圆形，黄色，唇瓣较萼片小，舌状，黄色。花期夏末。

产地及生境： 产于厄瓜多尔、哥伦比亚等地。生于海拔50～210 m的森林中。

天鹅兰属
Cycnoches

学名·*Cycnoches chlorochilon*

形态特征： 附生兰。假鳞茎较大，圆柱状。叶顶生，较薄，长椭圆形，绿色，冬季落叶。萼片及花瓣黄绿色，长椭圆形，唇瓣大，卵圆形，中间白色，前端尖带黄色，基部绿色。花期夏末。

产地及生境： 产于巴拿马、哥伦比亚及委内瑞拉等地。生于海拔 400～850 m 的森林中。

本属概况： 本属约 35 种，产于美洲。

阔叶沼兰

形态特征：地生或半附生草本。具肉质茎。叶通常 4～5 枚，斜立，斜卵状椭圆形、卵形或狭椭圆状披针形，长 7～25 cm，宽 2.5～9 cm，先端渐尖或长渐尖，基部收狭成柄。总状花序具数十朵或更多的花；花紫红色至绿黄色，密集，较小；中萼片狭长圆形，侧萼片斜卵形；花瓣线形，唇瓣近宽卵形，凹陷。蒴果倒卵状椭圆形，直立。花期 5～8 月，果期 8～12 月。

产地及生境：产于我国福建、台湾、广东、海南、广西和云南。生于海拔 2000 m 以下林下、灌丛中或溪谷旁荫蔽处的岩石上。尼泊尔、印度、缅甸、越南、老挝、柬埔寨、泰国、马来西亚、印度尼西亚、菲律宾、琉球群岛以及新几内亚岛和澳大利亚也有分布。

本属概况：本属约 300 种，主产于热带地区，欧洲、亚洲及美洲温带地区有少量分布，我国有 20 余种。

玫瑰毛兰

宿苞兰属
Cryptochilus

学名·*Cryptochilus roseus* / 异名·*Eria rosea*
别名·玫瑰宿苞兰

形态特征： 根状茎粗壮，假鳞茎密集，老时膨大成卵形，顶端着生一枚叶。叶厚革质，披针形或长圆状披针形，长 16～40 cm，宽 2～5 cm，先端钝或急尖。花序从假鳞茎顶端发出，花白色或淡红色；中萼片卵状长圆形，侧萼片三角状披针形，花瓣近菱形，唇瓣轮廓为倒卵状椭圆形或近卵形，三裂；侧裂片半卵形，中裂片近匙形或近方形；唇盘上有 2～3 条肥厚褶片自基部延伸到中裂片基部。蒴果。花期 1～2 月，果期 3～4 月。

产地及生境： 产于我国香港和海南。生于海拔 1300 m 左右的密林中，附生于树干或岩石上。

本属概况： 本属约 10 种，产于不丹、印度、老挝、尼泊尔、泰国、越南及中国。我国产 1 种，为特有种。

墨兰

兰属
Cymbidium

学名·*Cymbidium sinense*
别名·报岁兰

形态特征： 地生植物。假鳞茎卵球形，包藏于叶基之内。叶 3～5 枚，带形，近薄革质，暗绿色，长 45～110 cm，宽 1.5～3 cm，有光泽。花葶从假鳞茎基部发出，直立，一般略长于叶；总状花序具 10～20 朵或更多的花；花的色泽变化较大，常为暗紫色或紫褐色而具浅色唇瓣，也有黄绿色、桃红色或白色的，一般有较浓的香气；萼片狭长圆形或狭椭圆形，花瓣近狭卵形；唇瓣近卵状长圆形，不明显三裂；侧裂片直立，中裂片较大，外弯，唇盘上 2 条纵褶片。蒴果狭椭圆形。花期 10 月至次年 3 月。

产地及生境： 产于我国安徽、江西、福建、台湾、广东、海南、广西、四川、贵州和云南。生于海拔 300～2000 m 的林下、灌木林中或溪谷旁湿润但排水良好的荫蔽处。印度、缅甸、越南、泰国、琉球群岛也有分布。栽培的品种有白墨 'Baimo'、彩云荷 'Caiyunhe'、彩云山水 'Caiyunshanshui'、翠顶白 'Cuidingbai'、达摩中斑 'Damozhongban'、大石马 'Dashima'、红太阳 'Hongtaiyang'、红塔山 'Hongtashan'、黄中王 'Huangzhongwang'、黄嘴 'Huangzui'、琥珀三星蝶 'Huposanxingdie'、金公主 'Jingongzhu'、金太阳变化艺 'Jintaiyangbianhuayi'、金嘴 'Jinzui'、岭南大梅 'Lingnandamei'、马氏荷 'Mashihe'、南国水仙 'Nanguoshuixian'、企黑 'Qihei'、瑞祥玉堂 'Ruixiangyutang'、三冠天下 'Sanguantianxia'、素蝶 'Sudie'、太白遗风 'Taibaiyifeng'、乌金荷 'Wujinhe'、小香 'Xiaoxiang'、银边墨兰 'Yinbianmolan'、银嘴白墨 'Yinzhuibailan'、玉皇绿冠 'Yuhuangluguan'、玉麒麟 'Yuqilin'、中国奇 'Zhongguoqi'。

本属概况： 本属约 55 种，分布于热带及亚热带的亚洲，南至巴布亚新几内亚及澳大利亚。我国有 49 种，其中 19 种为特有。

◆ 彩云荷　　　◆ 彩云山水　　　◆ 达摩中斑

◆ 黄嘴　　　◆ 金太阳变化艺　　　◆ 瑞祥玉堂

◇ 三冠天下　　◇ 乌金荷　　◇ 玉皇绿冠

◇ 白墨　　◇ 翠顶白　　◇ 大石马　　◇ 红塔山　　◇ 黄中玉

◇ 红太阳　　◇ 琥珀三星蝶　　◇ 金公主　　◇ 金嘴　　◇ 岭南大梅

◇ 马氏荷　　◇ 南国水仙　　◇ 企黑　　◇ 素蝶　　◇ 太白连办

◇ 少香　　◇ 银边墨兰　　◇ 银嘴白墨　　◇ 玉麒麟　　◇ 中国奇

兰属
Cymbidium

学名·*Cymbidium faberi*

形态特征： 地生草本。假鳞茎不明显。叶 5 ～ 8 枚，带形，直立性强，长 25 ～ 80 cm，宽 4 ～ 12 mm，基部常对折而呈 "V" 形，边缘常有粗锯齿。总状花序具 5 ～ 11 朵或更多的花；花常为浅黄绿色，唇瓣有紫红色斑，有香气；萼片近披针状长圆形或狭倒卵形，花瓣与萼片相似，常略短而宽；唇瓣长圆状卵形，三裂；侧裂片直立，中裂片较长，强烈外弯，唇盘上 2 条纵褶片。蒴果近狭椭圆形。花期 3 ～ 5 月。

产地及生境： 产于我国陕西、甘肃、安徽、浙江、江西、福建、台湾、河南、湖北、湖南、广东、广西、四川、贵州、云南和西藏。生于海拔 700 ～ 3000 m 湿润但排水良好的透光处。尼泊尔、印度北部也有分布。栽培品种较多，主要有蕙兰老八种：程梅 'Chengmei'、荡字 'Dangzi'、老朵云 'Laoduoyun'、大一品 'Dayipin'、关顶 'Guanding'、老染字 'Laoranzi'、潘绿 'Panlu'、上海梅 'Shanghaimei'；蕙兰新八种：元字 'Yuanzi'、翠萼 'Cuie'、崔梅 'Cuimei'、端梅 'Duanmei'、江南新极品 'Jiangnanxinjipin'、老极品 'Laojipin'、楼梅 'Loumei'、庆华梅 'Qinghuamei'；栽培的其他蕙兰品种有：荣梅 'Rongmei'、大白菜 'Daibaicai'、帝王金荷 'Diwangjinhe'、丁小荷 'Dingxiaohe'、端蕙 'Duanhui'、两万圆 'Liangwanyuan'、解佩梅 'Jiepeimei'、老蜂巧 'Laofengqiao'、老上海梅 'Laoshanghaimei'、刘梅 'Liumei'、陶宝 'Taobao'、文梅 'Wenmei'、新朵云 'Xingduoyun'、新缘梅 'Xinyuanmei'、玉蜂巧 'Yufengqiao'、郑孝荷 'Zhengxiaohe'。

◆ 程梅　　◆ 大一品　　◆ 关顶

◆ 潘绿　　◆ 元字　　◆ 翠萼

◆ 崔梅　　◆ 端梅　　◆ 江南新极品

◆ 老极品　　　　◆ 楼梅　　　　◆ 荣梅

◆ 老染字　　◆ 上海梅　　◆ 荣华梅　　◆ 大宝素　　◆ 帝王金荷

◆ 丁小荷　　◆ 瑞蕾　　◆ 两万圆　　◆ 解佩梅　　◆ 老蜂巧

◆ 老上海梅　　◆ 刘梅　　◆ 陶宝　　◆ 文梅　　◆ 新朵云

◆ 荡字　　◆ 老朵云　　◆ 新缘梅　　◆ 玉蜂巧　　◆ 郑老荷

兰属
Cymbidium

学名·*Cymbidium goeringii*

形态特征： 地生植物。假鳞茎较小，卵球形。叶 4 ～ 7 枚，带形，通常较短小，长 20 ～ 60 cm，宽 5 ～ 9 mm，下部常多少对折而呈 "V" 形，边缘无齿或具细齿。花葶从假鳞茎基部外侧叶腋中抽出，直立，单花，极罕 2 朵；花色泽变化较大，通常为绿色或淡褐黄色而有紫褐色脉纹，有香气；萼片近长圆形至长圆状倒卵形，花瓣倒卵状椭圆形至长圆状卵形，唇瓣近卵形，不明显三裂；侧裂片直立，在内侧靠近纵褶片处各有 1 个肥厚的皱褶状物；中裂片较大，强烈外弯，唇盘上 2 条纵褶片。蒴果狭椭圆形。花期 1 ～ 3 月。

产地及生境： 产于我国陕西、甘肃、江苏、安徽、浙江、江西、福建、台湾、河南、湖北、湖南、广东、广西、四川、贵州和云南。生于海拔 300 ～ 3000 m 多石山坡、林缘、林中透光处。日本与朝鲜半岛南端、印度、不丹也有分布。栽培的品种极多，春兰老八种：桂圆梅 'Guiyuanmei'、贺神梅 'Heshenmei'、集圆 'Jiyuan'、龙字 'Longzi'、宋梅 'Songmei'、汪字 'Wangzi'、万字 'Wanzi'、小打梅 'Xiaodamei'；栽培的其他春兰品种有：宝来 'Baolai'、彩虹蝶 'Caihongdie'、翠绿素 'Cuilusu'、翠桃 'Cuitao'、翠玉猫 'Cuiyumao'、大富贵 'Dafugui'、丹心梅 'Danxinmei'、二七梅 'Erqimei'、冠神 'Guanshen'、冠豸彩球 'Guanzhicaiqiu'、黑旋风 'Heixuanfeng'、红唇仙 'Hongchunxian'、红帝梅 'Hongdimei'、虎蕊蝶 'Huruidie'、华顶牡丹 'Huadingmudan'、环球荷鼎 'Huanqiuheding'、黄猫 'Huangmao'、娇俏梅 'Jiaoqiaomei'、九龙梅 'Jiulongmei'、绿云 'Luyun'、千岛百合 'Qiandaobaihe'、省庵梅 'Shenganmei'、天彭牡丹 'Tianpengmudan'、天怡梅 'Tianyimei'、西神梅 'Xishenmei'、鑫荷 'Xinhe'、余蝴蝶 'Yuhudie'、圆良梅 'Yuanliangmei'、掌上明珠 'Zhangshangmingzhu'。

◆ 桂圆梅　　◆ 贺神梅　　◆ 集圆　　◆ 彩虹蝶
◆ 龙字　　◆ 宋梅　　◆ 汪字　　◆ 万字
◆ 红帝梅　　◆ 虎蕊蝶　　◆ 华顶牡丹　　◆ 绿云

◆ 千岛百合　　◆ 省庵梅　　◆ 天怡梅　　◆ 西神梅　　◆ 二七梅

◆ 天彭牡丹　　◆ 鑫荷　　◆ 余蝴蝶　　◆ 圆良梅　　◆ 掌上明珠

◆ 小打梅　　◆ 宝来　　◆ 翠绿素　　◆ 翠桃　　◆ 翠玉猫

◆ 大富贵　　◆ 丹心梅　　◆ 冠神　　◆ 冠豸彩球　　◆ 黑旋风

◆ 红唇仙　　◆ 环球荷鼎　　◆ 黄猫　　◆ 娇俏梅　　◆ 九龙梅

兰属
Cymbidium

豆瓣兰

学名・*Cymbidium serratum* / 异名・*Cymbidium goeringii* var. *serratum*
别名・线叶春兰

形态特征： 地生植物。假鳞茎小，卵圆形。叶 3～5 枚，带形，长 23～70 cm，宽 0.5～0.7 cm，呈 "V" 形对折，边缘常有锯齿。花葶从假鳞茎基部外侧叶腋中抽出，直立，常 1 花，极罕 2 花，无香味。萼片及花瓣绿色，带紫红色斑点或脉纹，唇瓣有紫红色斑点。萼片狭长圆形、卵形，花瓣椭圆形至长圆状卵形，唇瓣近卵形，侧裂片直立，中裂片下弯。花期 2～3 月。

产地及生境： 产于我国贵州、湖北、四川、台湾及云南。生于海拔 1000～3000 m 的石山坡、疏林或排水良好的草丛中。栽培的主要品种有：滇中旭光 'Dianzhongxuguang'、翡翠凤凰 'Feicuifenghuang'、红河红 'Honghehong'、红河雄狮 'Honghexiongshi'、红花大荷 'Honghuadahe'、红花香豆瓣 'Honghuaxiangdouban'、红舌 'Hongshe'、红双喜 'Hongshuangxi'、红塔盛典 'Hongtashengdian'、黄荷 'Huanghe'、九洲红梅 'Jiuzhouhongmei'、绿荷 'Luhe'、绿乒乓 'Lupingpang'、俏佳人 'Qiaojiaren'、三星 'Sanxing'、太极圣梅 'Taijishengmei'、无极三星 'Wujisanxing'。

◇ 滇中旭光

◇ 翡翠凤凰

◇ 红河红

◇ 红花大荷

◇ 红舌

◇ 红双喜

◇ 绿荷

◇ 绿乒乓

◇ 黄荷

◇ 红河雄狮

◇ 太极圣梅

◇ 三星

◇ 无极三星

◇ 红塔盛典

◇ 九洲红梅

◇ 俏佳人

◇ 红花香豆瓣

兰属
Cymbidium

学名 · *Cymbidium tortisepalum*
异名 · *Cymbidium goeringii* var. *tortisepalum*

形态特征：地生植物。假鳞茎椭圆形或卵圆形，较小。叶 5～10 枚，薄革质，边缘有细锯齿，长 30～65 cm，宽 0.4～1.8 cm，先端锐尖至渐尖。花葶从假鳞茎近基部发出，直立。花具香味，萼片及花瓣通常呈浅黄绿色或白色，唇瓣黄绿色或白色，有时带紫红色斑纹，萼片长圆形或长圆状披针形，花瓣卵状披针形或长圆形，唇瓣卵形至椭圆形。花期春季。

产地及生境：产于我国贵州、四川、台湾及云南。生于海拔 800～2500 m 的疏林中、林缘、草地中、石山坡等地。栽培的品种有：碧龙红素 'Bilonghongsu'、滇梅 'Dianmei'、粉荷 'Fenhe'、合阳红 'Heyanghong'、红满天 'Hongmantian'、黄金海岸 'Huangjinhaian'、会理荷 'Huilihe'、剑阳蝶 'Jianyangdie'、金沙树菊 'Jinshashuju'、聚宝荷 'Jubaihe'、丽江新蝶 'Lijiangxindie'、龙袍 'Longpao'、美女素 'Meinusu'、飘洋荷 'Piaoyanghe'、素冠荷鼎 'Suguanheding'、素荷 'Suhe'、天使荷 'Tianshihe'、小荷瓣 'Xiaoheban'、小雪素 'Xiaoxuesu'、雪里红 'Xuelihong'、一代天骄 'Yidaitianjiao'、永怀素 'Yonghuaisu'、云熙荷 'Yunxihe'、玉兔彩蝶 'Yutucaidie'、状元梅 'Zhuangyuanmei' 等。

◇ 碧龙红素　　◇ 滇梅　　◇ 黄金海岸

◇ 会理荷　　◇ 聚宝荷　　◇ 丽江新蝶

◇ 小雪素　　◇ 雪里红

◆ 一代天骄

◆ 永怀素

◆ 粉荷

◆ 合阳红

◆ 红满天

◆ 剑阳蝶

◆ 金沙树菊

◆ 龙袍

◆ 美女素

◆ 飘洋荷

◆ 素冠荷鼎

◆ 素荷

◆ 天使荷

◆ 小荷瓣

◆ 云熙荷

◆ 玉兔彩蝶

◆ 状元梅

兰属
Cymbidium

春剑

学名·*Cymbidium tortisepalum* var. *longibracteatum*
异名·*Cymbidium goeringii* var. *longibracteatum*

形态特征：与原种的主要区别为叶质地坚挺、近直立，叶长 50～60 cm，宽 1.3～1.8 cm。花 3～7 朵；花苞片长于花梗和子房，宽阔，常包围子房；萼片与花瓣不扭曲。花期 1～3 月。

产地及生境：产于我国四川、贵州和云南。生于海拔 1000～2000 m 杂木丛生的山坡上多石之地。栽培的主要品种有：春剑线艺 'Chunjianxianyi'、翠梅 'Cuimei'、大红荷 'Dahonghe'、丹青 'Danqing'、典荷 'Dianhe'、朵云 'Duoyun'、二龙聚首 'Erlongjushou'、感恩荷 'Ganenhe'、盖世牡丹 'Ganshimudan'、荷王 'Hewang'、红梅冠 'Hongmeiguan'、黄金海岸 'Huangjinhaian'、皇梅 'Huangmei'、龙凤牡丹 'Longfengmudan'、频洲月影 'Pinzhouyueying'、邛州红荷 'Qiongzhouhonghe'、荣华牡丹 'Ronghuamudan'、三星遗魂 'Sanxingyihun'、神州第一梅 'Shenzhoudiyimei'、天玺梅 'Tianximei'、相玉彩虹 'Xiangyucaihong'、小红荷 'Xiaohonghe'、玉海棠 'Yuhaitang'、玉玺天娇 'Yuxitianjiao'、中透艺 'Zhongtouyi'。

◇ 春剑线艺　　◇ 朵云　　◇ 小红荷　　◇ 感恩荷　　◇ 邛州红荷　　◇ 玉玺天娇　　◇ 荣华牡丹　　◇ 三星遗魂

◇ 玉海棠　　　◇ 中透艺

◇ 翠梅　　◇ 大红荷　　◇ 丹青　　◇ 典荷　　◇ 二龙聚首

◇ 盖世牡丹　　◇ 荷王　　◇ 红梅冠　　◇ 黄金海岸　　◇ 皇梅

◇ 龙凤牡丹　　◇ 频洲月影　　◇ 神州第一梅　　◇ 天玺梅　　◇ 相玉彩虹

形态特征： 地生植物。假鳞茎狭卵球形。叶3～7枚，带形，薄革质，暗绿色，略有光泽，长40～70 cm，宽9～17 mm，前部边缘常有细齿。花葶发自假鳞茎基部，总状花序疏生5～12朵花；花常为淡黄绿色而具淡黄色唇瓣，也有其他色泽，常有浓烈香气；萼片近线形或线状狭披针形，花瓣常为狭卵形或卵状披针形，唇瓣近卵形，不明显的三裂，侧裂片直立，中裂片较大，外弯。蒴果狭椭圆形。花期8～12月。

产地及生境： 产于我国安徽、浙江、江西、福建、台湾、湖南、广东、海南、广西、四川、贵州和云南。生于海拔400～2400 m林下、溪谷旁或稍荫蔽、湿润、多石之土壤上。日本南部和朝鲜半岛南端也有分布。栽培的品种有：观山'Guanshan'、寒兰蝶'Hanlandie'、寒兰梅'Hanlanmei'、红斑舌'Hongbanshe'、红星闪闪'Hongxingshanshan'、清风明月'Qingfengmingyue'、青花圆舌'Qinghuayuanshe'、青花大红斑'Qinghuadahongban'、瑞玉'Ruiyu'、三星蝶'Sanxingdie'、素心'Suxin'、五彩圆舌'Wucaiyuanshe'、艺草艺花'Yicaoyihua'、叶蝶三星'Yiediesanxing'、鹰梅'Yingmei'、一品荷仙'Yipinhexian'、玉雪彩云'Yuxuecaiyun'。

◇ 寒兰

◇ 红星

◇ 素心

◇ 艺草艺花

◇ 寒兰蝶

◇ 观山　　◇ 红斑舌　　◇ 清风明月　　◇ 青花圆舌

◇ 青花大红斑　　◇ 瑞玉　　◇ 三星蝶　　◇ 五彩圆舌

◇ 叶蝶三星　　◇ 鹰梅　　◇ 一品荷仙　　◇ 玉雪彩云

兰属
Cymbidium

学名·*Cymbidium ensifolium*
别名·四季兰

形态特征： 地生植物。假鳞茎卵球形。叶 2 ～ 6 枚，带形，有光泽，长 30 ～ 60 cm，宽 1 ～ 2.5 cm，前部边缘有时有细齿。花葶从假鳞茎基部发出，直立；总状花序具 3 ～ 9（～ 13）朵花；花常有香气，色泽变化较大，通常为浅黄绿色而具紫斑；萼片近狭长圆形或狭椭圆形，侧萼片常向下斜展；花瓣狭椭圆形或狭卵状椭圆形，唇瓣近卵形；侧裂片直立，中裂片较大，卵形，外弯，边缘波状；唇盘上 2 条纵褶片。蒴果狭椭圆形。花期通常为 6 ～ 10 月。

产地及生境： 产于我国安徽、浙江、江西、福建、台湾、湖南、广东、海南、广西、四川、贵州和云南。生于海拔 600 ～ 1800 m 的疏林下、灌丛中、山谷旁或草丛中。广泛分布于东南亚和南亚各国，北至日本。栽培的主要品种有：八宝奇珍 'Babaoqizhen'、宝岛胭脂 'Baodaoyanzhi'、碧玥荷 'Biyuehe'、彩云追月 'Caiyunzhuiyue'、翠玉牡丹 'Cuiyumudan'、大塘宫粉 'Datanggongfen'、峨眉山奇蝶 'Emeishanqidie'、峨眉弦 'Emeixuan'、峨眉雪 'Emeixue'、富山奇蝶 'Fushanqidie'、复兴奇蝶 'Fuxingqidie'、韩江春色 'Hanjiangchunse'、红猫 'Hongmao'、嘉州红蝴蝶 'Jiazhouhonghudie'、晶龙奇蝶 'Jinglongqidie'、金荷 'Jinhe'、锦旗 'Jinqi'、君荷 'Junhe'、客家妹 'Kejiamei'、岭南奇蝶 'Lingnanqidie'、梨山狮王 'Lishanshiwang'、绿鸟嘴 'Luniaozui'、梅州秋色 'Meizhouqiuse'、秋榜 'Qiubang'、素三星 'Susanxing'、铁骨黄芽 'Tieguhuangya'、铁骨双面银 'Tiegushuangmianyin'、夏皇梅 'Xiahuangmei'、星雨流芳 'Xingyuliufang'、银边梅 'Yinbianmei'、一品梅 'Yipinmei'、中华水仙 'Zhonghuashuixian'。

◇ 八宝奇珍　　◇ 峨眉弦　　◇ 峨眉雪　　◇ 晶龙奇蝶　　◇ 梨山狮王　　◇ 铁骨黄芽　　◇ 锦旗

◆ 碧玥荷 　　◆ 彩云追月 　　◆ 翠玉牡丹 　　◆ 大塘宫粉 　　◆ 峨眉山奇蝶

◆ 富山奇蝶 　　◆ 复兴奇蝶 　　◆ 韩江春色 　　◆ 红猫 　　◆ 嘉州红蝴蝶

◆ 金荷 　　◆ 君荷 　　◆ 客家妹 　　◆ 岭南奇蝶 　　◆ 绿云荷

◆ 梅州秋色 　　◆ 秋榜 　　◆ 素三星 　　◆ 铁胄双面银 　　◆ 夏皇梅

◆ 星雨流芳 　　◆ 银边梅 　　◆ 一品梅 　　◆ 中华水仙 　　◆ 宝岛胭脂

兰属
Cymbidium

送春

学名·*Cymbidium cyperifolium* var. *szechuanicum*
异名·*Cymbidium faberi* var. *szechuanicum*

形态特征： 地生或附生兰。假鳞茎较小。叶 9～13 枚，带形，排成二列多少呈扇形，先端急尖。总状花序 3～7 朵花，具香气，萼片与花瓣黄绿色或苹果绿色，偶见淡黄色或草黄色，唇瓣色淡或有时带白色或淡黄色。花瓣狭卵形，唇瓣卵形。花期 2～4 月。

产地及生境： 产于我国贵州、四川及云南，不丹也有分布。栽培的品种有：边草边花 'Biancaobianhua'、金镶玉 'Jinxiangyu'、双娇 'Shuangjiao'、乌蒙颂 'Wumengsong'。

◆ 边草边花

◆ 金镶玉

◆ 双娇

◆ 乌蒙颂

兰属
Cymbidium | 学名·*Cymbidium aloifolium*

形态特征： 附生植物。假鳞茎卵球形。叶 4～5 枚，带形，厚革质，坚挺，略外弯，长 40～90 cm，宽 1.5～4 cm，先端不等的 2 圆裂或 2 钝裂。花葶从假鳞茎基部穿鞘而出，下垂；总状花序具 15～35 朵花；花略小，稍有香气；萼片与花瓣淡黄色至奶油黄色，中央有 1 条栗褐色宽带和若干条纹，唇瓣白色或奶油黄色而密生栗褐色纵纹；萼片狭长圆形至狭椭圆形，花瓣略短于萼片，狭椭圆形；唇瓣近卵形，三裂，基部多少囊状，侧裂片超出蕊柱与药帽之上，中裂片外弯；唇盘上有 2 条纵褶片，略弯曲。蒴果。花期 4～5 月，偶见 10 月。

产地及生境： 产于我国广东、广西、贵州和云南。生于海拔 100～1100 m 的疏林中或灌木丛中树上或溪谷旁岩壁上。孟加拉、柬埔寨、印度、印度尼西亚、老挝、马来西亚、缅甸、尼泊尔、斯里兰卡、泰国及越南均有分布。

莎叶兰

兰属
Cymbidium

学名·*Cymbidium cyperifolium*
别名·套叶兰

形态特征： 地生或半附生植物。假鳞茎较小，长 1 ～ 2 cm。叶 4 ～ 12 枚，带形，常整齐二列而多少呈扇形，长 30 ～ 120 cm，宽 6 ～ 13 mm，先端急尖，基部二列套叠的鞘。花葶从假鳞茎基部发出，直立，总状花序具 3 ～ 7 朵花；花有柠檬香气；萼片与花瓣黄绿色或苹果绿色，偶见淡黄色或草黄色，唇瓣色淡或有时带白色或淡黄色，侧裂片上有紫纹，中裂片上有紫色斑；萼片线形至宽线形，花瓣狭卵形，唇瓣卵形。蒴果狭椭圆形。花期 10 月至次年 2 月。

产地及生境： 产于我国广东、海南、广西、贵州和云南。生于海拔 900 ～ 1600 m 林下排水良好的多石之地或岩石缝中。尼泊尔、不丹、印度、缅甸、泰国、越南、柬埔寨、菲律宾也有分布。

独占春

兰属
Cymbidium

学名·*Cymbidium eburneum*

形态特征： 附生植物。假鳞茎近梭形或卵形。叶 6 ～ 11 枚，每年继续发出新叶，多者可达 15 ～ 17 枚，长 57 ～ 65 cm，宽 1.4 ～ 2.1 cm，带形，先端为细微的不等的二裂，基部二列套叠并有褐色膜质边缘。花葶从假鳞茎下部叶腋发出，直立或近直立，总状花序具 1 ～ 3 朵花；花较大，不完全开放，稍有香气；萼片与花瓣白色，有时略有粉红色晕，唇瓣亦白色，中裂片中央至基部有一黄色斑块，连接于黄色褶片末端，偶见紫粉红色斑点。蒴果近椭圆形。花期 2 ～ 5 月。

产地及生境： 产于我国海南、广西和云南。生于海拔 800 ～ 2000 m 溪谷旁的岩石上及疏林下。尼泊尔、印度、缅甸及越南也有分布。

莎草兰

兰属
Cymbidium

学名·*Cymbidium elegans*

形态特征：附生草本。假鳞茎近卵形。叶 6 ～ 13 枚，二列，带形，长 45 ～ 80 cm，宽 1 ～ 1.7 cm，先渐尖或钝，通常略二裂。花葶从假鳞茎下部叶腋内长出，下弯；总状花序下垂，具 20 余朵花；花下垂，狭钟形，几不开放，稍有香气，奶油黄色至淡黄绿色，有时略有淡粉红色晕或唇瓣上偶见少数红斑点，褶片亮橙黄色；萼片狭倒卵状披针形，花瓣宽线状倒披针形，唇瓣倒披针状三角形，三裂，侧裂片多少围抱蕊柱，唇盘上的 2 条纵褶片从基部延伸至中裂片基部。蒴果椭圆形。花期 10 ～ 12 月。

产地及生境：产于我国四川、云南和西藏。生于海拔 1700 ～ 2800 m 的林中树上或岩壁上。尼泊尔、不丹、印度、缅甸及越南也有分布。

长叶兰

兰属
Cymbidium

学名·*Cymbidium erythraeum*

形态特征：附生植物。假鳞茎卵球形。叶 5 ～ 11 枚，二列，带形，长 60 ～ 90 cm，宽 7 ～ 15 mm，从中部向顶端渐狭，基部紫色。花葶较纤细，近直立或外弯，总状花序具 3 ～ 7 朵或更多的花；花有香气；萼片与花瓣绿色，但由于有红褐色脉和不规则斑点而呈红褐色，唇瓣淡黄色至白色，侧裂片上有红褐色脉，中裂片上有少量红褐色斑点和 1 条中央纵线；萼片狭长圆状倒披针形，花瓣镰刀状，唇瓣近椭圆状卵形。蒴果。花期 10 月至次年 1 月。

产地及生境：产于我国四川、云南和西藏。生于海拔 1400 ～ 2800 m 的林中或林缘树上或岩石上。尼泊尔、不丹、印度、缅甸及越南也有分布。

美花兰

兰属
Cymbidium

学名·*Cymbidium insigne*

形态特征：地生或附生植物。假鳞茎卵球形至狭卵形。叶 6～9 枚，带形，长 60～90 cm，宽 7～12 mm，先端渐尖。花葶近直立或外弯，总状花序具 4～9 朵或更多的花；花无香气；萼片与花瓣白色或略带淡粉红色，有时基部有红点，唇瓣白色，侧裂片上通常有紫红色斑点和条纹，中裂片中部至基部黄色，亦有少数斑点与斑纹；萼片椭圆状倒卵形，侧萼片略斜歪；花瓣狭倒卵形，唇瓣近卵圆形，略短于花瓣，三裂。花期 11～12 月。

产地及生境：我国产于海南。生于海拔 1700～1900 m 的疏林里多石草丛中或岩石上或潮湿、多苔藓的岩壁上。越南与泰国也有分布。

碧玉兰

兰属
Cymbidium

学名·*Cymbidium lowianum*

形态特征：附生植物。假鳞茎狭椭圆形，略压扁。叶 5～7 枚，带形，长 65～80 cm，宽 2～3.6 cm，先端短渐尖或近急尖。花葶从假鳞茎基部穿鞘而出，近直立、平展或外弯，总状花序具 10～20 朵或更多的花；花无香气；萼片和花瓣苹果绿色或黄绿色，有红褐色纵脉，唇瓣淡黄色，中裂片上有深红色的锚形斑（或"V"形斑及 1 条中线）；萼片狭倒卵状长圆形，花瓣狭倒卵状长圆形，与萼片近等长，唇瓣近宽卵形，三裂。花期 4～5 月。

产地及生境：我国产于云南。生于海拔 1300～1900 m 的林中树上或溪谷旁岩壁上。缅甸和泰国也有分布。

兰属
Cymbidium 学名·*Cymbidium bicolor*

硬叶兰

形态特征: 附生植物。假鳞茎狭卵球形,稍压扁。叶4～7枚,带形,厚革质,长22～80 cm,宽1～1.8 cm,先端为不等的2圆裂或2尖裂,有时微缺。花葶从假鳞茎基部穿鞘而出,下垂或下弯;总状花序通常具10～20朵花;花略小,萼片与花瓣淡黄色至奶油黄色,中央有1条宽阔的栗褐色纵带,唇瓣白色至奶油黄色,有栗褐色斑;萼片狭长圆形,花瓣近狭椭圆形,唇瓣近卵形,三裂,基部多少囊状,侧裂片短于蕊柱;中裂片外弯;唇盘上有2条纵褶片。蒴果近椭圆形。花期3～4月。

产地及生境: 我国产于广东、海南、广西、贵州和云南西南部至南部,生于海拔可上升到1600 m林中或灌木林中的树上。尼泊尔、不丹、印度、缅甸、越南、老挝、柬埔寨、泰国也有分布。

兰属
Cymbidium 学名·*Cymbidium mastersii*

大雪兰

形态特征: 附生植物。假鳞茎延长成茎状,不断延长,最长可达1 m以上。叶随茎的延长而不断长出,可达15～17枚或更多,带形,近革质,长24～75 cm,宽1.1～2.5 cm,先端不等的二裂,裂口中央有1尖凸。花葶1～2个,从下部叶腋发出,近直立,总状花序具2～5朵或更多的花;花不完全开放,有香气,白色,外面稍带淡紫红色,唇瓣中裂片中央有一黄色斑块连接于亮黄色的褶片,偶见紫红色斑点;萼片狭椭圆形或宽披针状长圆形,花瓣宽线形,唇瓣长圆状卵形。花期10～12月。

产地及生境: 我国产于云南。生于海拔1600～1800 m林中树上或岩石上。不丹、印度、缅甸、泰国及越南也有分布。

兰属
Cymbidium

学名·*Cymbidium tracyanum × eburneum*

杂交虎头兰

形态特征：附生植物。假鳞茎椭圆状卵形。叶多数，带形，外弯，先端急尖。花葶从假鳞茎基部穿鞘而出，总状花序着花10余朵或更多。花瓣及萼片浅黄色，上具红色脉纹，唇瓣黄白色具紫色斑点。花期春季。

产地及生境：园艺种，为西藏虎头兰与独占春的杂交种。

兰属
Cymbidium

学名·*Cymbidium wenshanense*

文山红柱兰

形态特征：附生植物。假鳞茎卵形。叶6～9枚，带形，长60～90 cm，宽1.3～1.7 cm，先端近渐尖，关节位于距基部8～10 cm处。花葶明显短于叶，多少外弯；总状花序具3～7朵花；花较大，不完全开放，有香气；萼片与花瓣白色，背面常略带淡紫红色，唇瓣白色而有深紫色或紫褐色条纹

与斑点，在后期整个色泽常变为淡红褐色，纵褶片一般黄色；萼片近狭倒卵形或宽倒披针形花瓣与萼片相似；唇瓣近宽倒卵形，三裂。花期3月。

产地及生境：我国产于云南。生于海拔1500 m林中树上。越南也有分布。

大花蕙兰

兰属
Cymbidium

学名·*Cymbidium hybridum*

形态特征： 常绿多年生附生草本。假鳞茎粗壮，属合轴型兰花，根肉质。叶片二列，长披针形，叶片长度、宽度不同品种差异很大。总状花序，或直立、或下垂，具花10～20朵或更多，品种之间差异较大，花的大小和色泽与品种有关。蒴果。自然花期春季。

产地及生境： 为杂交种。栽培的品种有'开心果'大花蕙兰 *Cymbidium* Dorothy Stockstill 'Forgotten Fruits'、'红酒之恋'大花蕙兰 *Cymbidium* Fire Village 'Wine Shower'、'爱神'大花蕙兰 *Cymbidium* Khai Loving Fantasy 'More Je T'aime'、'爱月'大花蕙兰 *Cymbidium* Lovely Moon、'漫月'大花蕙兰 *Cymbidium* Mighty tracey 'Moonwalk'、'龙袍'大花蕙兰 *Cymbidium* Neutrino × lowianum 'Nuchi Yellow'、'绿洲'大花蕙兰 *Cymbidium* Pearl Dawson 'Procyon'、'亚洲宝石'大花蕙兰 *Cymbidium* Ruby Sarah 'Gem Stone'、'冰瀑'大花蕙兰 *Cymbidium* Sarah Jean 'Ice Cascade'、'清纯记忆'大花蕙兰 *Cymbidium* Seaside Star 'Pure Memory'、'天地大冲撞'大花蕙兰 *Cymbidium* Spring Night 'Deep Impact'.

◈ '爱神'大花蕙兰　　◈ '爱月'大花蕙兰　　◈ '龙袍'大花蕙兰

◈ '开心果'大花蕙兰　　◈ '红酒之恋'大花蕙兰　　◈ '漫月'大花蕙兰　　◈ '绿洲'大花蕙兰

◈ '亚洲宝石'大花蕙兰　　◈ '冰瀑'大花蕙兰　　◈ '清纯记忆'大花蕙兰　　◈ '天地大冲撞'大花蕙兰

杓兰属
Cypripedium | 学名·*Cypripedium henryi*

形态特征： 植株高 30～60 cm。茎直立，基部具数枚鞘，鞘上方具 4～5 枚叶。叶片椭圆状至卵状披针形，长 10～18 cm，宽 6～8 cm，先端渐尖。花序顶生，通常具 2～3 朵花；花绿色至绿黄色；中萼片卵状披针形，先端渐尖，合萼片与中萼片相似，先端 2 浅裂；花瓣线状披针形，唇瓣深囊状，椭圆形。花期 4～5 月，果期 7～9 月。

产地及生境： 我国产于山西、甘肃、陕西、湖北、四川、贵州和云南。生于海拔 800～2800 m 的疏林下、林缘、灌丛坡地上湿润和腐殖质丰富之地。

本属概况： 本属约 50 种，产于温带地区，主要分布于亚洲温带及北美，向南延伸至喜马拉雅及北美中部。我国有 36 种，其中 25 种为特有。

杓兰属
Cypripedium | 学名·*Cypripedium macranthom*

形态特征： 植株高 25～50 cm。茎直立，基部具数枚鞘，鞘上方具 3～4 枚叶。叶片椭圆形或椭圆状卵形，长 10～15 cm，宽 6～8 cm，先端渐尖或近急尖。花序顶生，具 1 花，极罕 2 花；花大，紫色、红色或粉红色，通常有暗色脉纹，极罕白色；中萼片宽卵状椭圆形或卵状椭圆形，合萼片卵形，先端 2 浅裂；花瓣披针形，唇瓣深囊状，近球形或椭圆形。花期 6～7 月，果期 8～9 月。

产地及生境： 我国产于黑龙江、吉林、辽宁、内蒙古、河北、山东和台湾。生于海拔 400～2400 m 的林下、林缘或草坡上腐殖质丰富和排水良好之地。日本、朝鲜半岛和俄罗斯也有分布。

凸唇兰属
Cyrtochilum

学名·*Cyrtochilum macranthum*
异名·*Oncidium macranthum*

形态特征： 假鳞茎卵形。叶顶生，宽带形，纸质，全缘。花序攀援，长达数米，分枝，着花数十朵。花大，花径达 10 cm，花瓣与萼片近相似，萼片黄褐色，花瓣黄色，卵圆形，唇瓣边缘紫色，中心黄色，舌状。花期春季。

产地及生境： 产于哥伦比亚、秘鲁及厄瓜多尔。生于海拔 3000 m 左右凉爽的森林中。

本属概况： 本属约 138 种，产于中南美洲、墨西哥及西印度群岛。

石斛属
Dendrobium

学名·*Dendrobium amabile*
别名·粉红灯笼石斛

形态特征： 株高 60～80 cm，植株粗壮，斜立。茎圆柱形，长 50～80 cm，不分枝，具多数节。叶二列，革质，长圆形，先端尖，基部具紧抱于茎的革质鞘。总状花序疏生多花；花序弯垂；花粉红色，开展；萼片及花瓣卵圆形，唇瓣卵形，边缘粉红色，中心黄色。花期春季。

产地及生境： 产于越南及缅甸。

石斛属
Dendrobium

学名·*Dendrobium acinaciforme*

形态特征： 茎直立，近木质，扁三棱形，具多个节。叶二列，斜立，稍疏松地套叠或互生，厚革质或肉质，两侧压扁呈短剑状或匕首状，长 25～40 mm，宽 4～6 mm，先端急尖，基部扩大呈紧抱于茎的鞘。花序侧生于无叶的茎上部，具 1～2 朵花；花很小，白色；中萼片近卵形，侧萼片斜卵状三角形；花瓣长圆形，唇瓣白色带微红色，近匙形。蒴果椭圆形。花期 3～9 月，果期 10～11 月。

产地及生境： 我国产于福建、香港、海南、广西和云南。生于海拔 260～270 m 的山地林缘树干上和林下岩石上。印度东北部、缅甸、老挝、越南、柬埔寨和泰国也有分布。

本属概况： 本属约 1100 种，广泛分布于亚洲热带和亚热带地区至大洋洲。我国有 78 种，其中 14 种为特有。

石斛属
Dendrobium

学名·*Dendrobium amethystoglossum*

形态特征： 茎直立，粗壮，具多个节。叶二列，椭圆形，基部具抱茎的鞘。总状花序，由茎节生出，弯垂，着花数十朵，花较小，花瓣与萼片白色或淡黄色，唇瓣舌状，紫色，不同栽培个体花瓣及萼片色泽有差异。

产地及生境： 产于菲律宾。分布于海拔 1000 m 左右山区的树干上。

石斛属
Dendrobium

学名·*Dendrobium antennatum*

形态特征: 茎直立，圆柱形，不分枝，具多数节。叶二列，长椭圆形，先端尖，基部渐狭，具抱茎的鞘。总状花序顶生，直立，着花十余朵。萼片近相似，宽带形，白色，扭转，花瓣披针形，扭转，唇瓣卵形，带紫色脉纹。花期 3 ～ 12 月。

产地及生境: 产于澳洲。生于海拔 400 ～ 500 m 的林中。

石斛属
Dendrobium

学名·*Dendrobium aphyllum*

形态特征: 茎下垂，肉质，细圆柱形。叶纸质，二列互生于整个茎上，披针形或卵状披针形，长 6 ～ 8 cm，宽 2 ～ 3 cm，先端渐尖。总状花序几乎无花序轴，每 1 ～ 3 朵花为一束，从落了叶或具叶的老茎上发出；花开展，下垂；萼片和花瓣白色带淡紫红色或浅紫红色的上部或有时全体淡紫红色；中萼片近披针形，先端近锐尖，侧萼片相似于中萼片而等大，花瓣椭圆形，唇瓣宽倒卵形或近圆形，基部两侧具紫红色条纹，中部以上部分为淡黄色，中部以下部分浅粉红色。蒴果。花期 3 ～ 4 月，果期 6 ～ 7 月。

产地及生境: 我国产于广西、贵州、云南。生于海拔 400 ～ 1500 m 的疏林中树干上或山谷岩石上。印度、尼泊尔、不丹、缅甸、老挝、越南、马来西亚都有分布。

石斛属
Dendrobium

学名 · *Dendrobium aries*

形态特征：茎圆柱形，直立，不分枝，具多数节。叶二列，长卵圆形，先端钝或具小尖头，基部渐狭，抱茎。总状花序顶生，直立。萼片近相似，带形，黄色带有深褐色纵纹，边缘波状，花瓣披针形，扭转，唇瓣舌状，边缘紫色，中间近白色。花期春季。

产地及生境：产于新几内亚。

石斛属
Dendrobium

学名 · *Dendrobium bracteosum*

形态特征：附生植物。茎直立或下垂，圆柱形，长5～40 cm，具数茎。叶薄革质，二列，长椭圆形，先端尖，基部抱茎，长4～13 cm，宽1～2 cm，开花时落叶。总状花序密集，每个花序具3～15朵花，花不甚开展，花径2.5～3 cm，花粉色、玫瑰色、白色、橘红色等。花期春季。

产地及生境：产于新几内亚、巴布亚新几内亚及印度尼西亚。

石斛属
Dendrobium

学名·*Dendrobium brymerianum*
别名·纯唇石斛

形态特征： 茎直立或斜举，通常长 20 ～ 30 cm，在中部通常有 2 个节间膨大而成纺锤形，不分枝，具数个节。叶薄革质，常 3 ～ 5 枚互生于茎的上部，狭长圆形，长 7 ～ 13.5 cm，宽 1.2 ～ 2.2 cm，先端渐尖。总状花序，近直立，具 1 ～ 2 朵花；金黄色，开展；中萼片长圆状披针形，侧萼片近披针形，花瓣长圆形，唇瓣卵状三角形，中部以下边缘具短流苏，中部以上边缘具长而分枝的流苏。花期 6 ～ 7 月，果期 9 ～ 10 月。

产地及生境： 我国产于云南。生于海拔 1100 ～ 1900 m 的山地林缘树干上。泰国、缅甸、老挝及越南也有分布。

石斛属
Dendrobium

学名·*Dendrobium capillipes*
别名·丝梗石斛

形态特征： 茎肉质状，近扁的纺锤形，不分枝，具多数钝的纵条棱和少数节间。叶 2 ～ 4 枚近茎端着生，革质，狭长圆形，通常长 10 ～ 12 cm，宽 1 ～ 1.5 cm。总状花序通常从落了叶的老茎中部发出，近直立，疏生 2 至数朵花；花金黄色，开展；中萼片卵状披针形，侧萼片与中萼片近等大；花瓣卵状椭圆形，唇瓣的颜色比萼片和花瓣深，近肾形。花期 3 ～ 5 月。

产地及生境： 我国产于云南。生于海拔 900 ～ 1500 m 的常绿阔叶林内树干上。印度、缅甸、泰国、老挝、越南也有分布。

石斛属
Dendrobium

学名·*Dendrobium capituliflorum*
别名·葱头石斛

形态特征： 茎纺锤形，具多个节，直立，簇生。叶长椭圆形，正面绿色，背面紫色。花着生于成熟的老茎上，花序呈头状，着花数十朵，花小，花瓣及萼片白色，唇瓣上部绿色。花期春季至夏季。

产地及生境： 产于新几内亚及所罗门群岛。生于海拔 750 m 左右的林中及低地热带草原的树干上。

石斛属
Dendrobium

学名·*Dendrobium cariniferum*

形态特征： 茎肉质状粗厚，圆柱形或有时膨大呈纺锤形，不分枝，具 6 个以上的节。叶革质，数枚，二列，长圆形或舌状长圆形。总状花序出自近茎端，常具 1 ~ 2 朵花；花开展，质地厚，具橘子香气；中萼片浅黄白色，卵状披针形，侧萼片浅黄白色，花瓣白色，长圆状椭圆形，唇瓣喇叭状，三裂；侧裂片橘红色，中裂片黄色，唇盘橘红色，沿脉上密生粗短的流苏。蒴果卵球形。花期 3 ~ 4 月。

产地及生境： 我国产于云南。生于海拔 1100 ~ 1700 m 的山地林中树干上。分布于印度、缅甸、泰国、老挝和越南。

石斛属
Dendrobium

学名·*Dendrobium christyanum*
别名·毛鞘石斛

形态特征： 附生草本。假鳞茎梭形，具节。叶 2 或 3 枚，近顶生，长卵形或椭圆形，长 3 ～ 4 cm，宽 1 cm，先端 2 浅裂。花序顶生，1 或 2 朵花，花白色，开展，萼片近相似，卵形，花瓣椭圆形，唇瓣 3 浅裂，侧裂片直立，唇瓣中间黄色，底部红色。

产地及生境： 我国产于云南。生于海拔 800 ～ 1000 m 的林缘。泰国及越南也有分布。

石斛属
Dendrobium

学名·*Dendrobium chrysanthum*

形态特征： 茎粗厚，肉质，下垂或弯垂，圆柱形，不分枝，具多节。叶二列，互生于整个茎上，纸质，长圆状披针形，通常长 13 ～ 19 cm，宽 1.5 ～ 4.5 cm，先端渐尖。伞状花序，每 2 ～ 6 朵花为一束，侧生于具叶的茎上部；花黄色，质地厚；中萼片多少凹的，长圆形或椭圆形，侧萼片稍凹的斜卵状三角形，花瓣稍凹的倒卵形，唇瓣凹的，不裂，肾形或横长圆形，唇盘两侧各具 1 个栗色斑块。蒴果。花期 9 ～ 10 月。

产地及生境： 我国产于广西、贵州、云南和西藏。生于海拔 700 ～ 2500 m 的山地密林中树干上或山谷阴湿的岩石上。分布于印度西北部经尼泊尔、不丹、印度、缅甸、泰国、老挝和越南。

石斛属 | 学名·*Dendrobium chrysopterum*
Dendrobium | 别名·双色石斛

形态特征： 附生。茎细圆柱形，具多节。叶二列，长椭圆形，先端尖，基部抱茎。总状花序，数朵为一束，中萼片黄色，椭圆形，侧萼片与中萼片相似，上部黄色，下部橘黄色，花瓣黄色，椭圆形，唇瓣卵圆形，橘黄色，花径 2.5 cm。花期春季至夏季。

产地及生境： 产于新几内亚。生于海拔 1800 ～ 3000 m 的林中。

石斛属 | 学名·*Dendrobium chrysotoxum*
Dendrobium | 别名·金弓石斛

形态特征： 茎直立，肉质，纺锤形，具 2 ～ 5 节间，具多数圆钝的条棱，近顶端具 2 ～ 5 枚叶。叶革质，长圆形，长达 19 cm，宽 2 ～ 3.5 cm 或更宽，先端急尖而钩转，基部收狭。总状花序近茎顶端发出，斜出或稍下垂，疏生多数花；花质地厚，金黄色，稍带香气；中萼片长圆形，侧萼片与中萼片近等大；花瓣倒卵形，唇瓣的颜色比萼片和花瓣深，近肾状圆形，唇盘通常呈"Λ"隆起，有时具"U"形的栗色斑块。花期 3 ～ 5 月。

产地及生境： 产于我国云南。生于海拔 500 ～ 1600 m 阳光充足的常绿阔叶林中树干上或疏林下岩石上。分布于印度、缅甸、泰国、老挝、越南等国家。

石斛属
Dendrobium

学名·*Dendrobium crepidatum*

形态特征: 茎悬垂,肉质状肥厚,青绿色,圆柱形,不分枝,具多节。叶近革质,狭披针形,长 5 ～ 10 cm,宽 1 ～ 1.25 cm,先端渐尖,基部具抱茎的膜质鞘。总状花序很短,从落了叶的老茎上部发出,具 1 ～ 4 朵花;花质地厚,开展;萼片和花瓣白色,中上部淡紫色,中萼片近椭圆形,侧萼片卵状长圆形,花瓣宽倒卵形,唇瓣中部以上淡紫红色,中部以下金黄色,近圆形或宽倒卵形。花期 3 ～ 4 月。

产地及生境: 产于我国云南和贵州。生于海拔 1000 ～ 1800 m 的山地疏林中树干上或山谷岩石上。印度、尼泊尔、不丹、缅甸、泰国、老挝、越南等国也有分布。

石斛属
Dendrobium

学名·*Dendrobium cretaceum*

形态特征: 附生。茎下垂,圆柱形,不分枝,具多数节。叶纸质,二列,互生于整个茎上,披针形或卵状披针形,先端尖。总状花序具 1 ～ 3 朵花;花开展,下垂,萼片和花瓣白色;萼片狭披针形,花瓣与萼片近等大,唇瓣白色带淡紫色脉纹。花期 3 ～ 4 月。

产地及生境: 产于我国云南。生于海拔 1000 ～ 1800 m 的山地疏林中树干上。印度、尼泊尔、缅甸、泰国、老挝、越南等也有分布。

石斛属
Dendrobium

学名·*Dendrobium crystallinum*

形态特征： 茎直立或斜立，稍肉质，圆柱形，不分枝，具多节。叶纸质，长圆状披针形，长 9.5 ～ 17.5 cm，宽 1.5 ～ 2.7 cm，先端长渐尖。总状花序数个，出自去年生落了叶的老茎上部，具 1 ～ 2 朵花；花大，开展；萼片和花瓣乳白色，上部紫红色；中萼片狭长圆状披针形，侧萼片相似于中萼片，等大；花瓣长圆形，边缘多少波状，唇瓣橘黄色，上部紫红色，近圆形。蒴果。花期 5 ～ 7 月，果期 7 ～ 8 月。

产地及生境： 产于我国云南。生于海拔 540 ～ 1700 m 的山地林缘或疏林中树干上。分布于缅甸、泰国、老挝、柬埔寨和越南。

石斛属
Dendrobium

学名·*Dendrobium densiflorum*

形态特征： 茎粗壮，通常棒状或纺锤形，不分枝，具数个节和 4 个纵棱，有时棱不明显。叶常 3 ～ 4 枚，近顶生，革质，长圆状披针形，长 8 ～ 17 cm，宽 2.6 ～ 6 cm，先端急尖。总状花序，下垂，密生许多花；花开展，萼片和花瓣淡黄色；中萼片卵形，侧萼片卵状披针形，近花瓣近圆形，唇瓣金黄色，圆状菱形。花期 4 ～ 5 月。

产地及生境： 产于我国广东、海南、广西和西藏。生于海拔 400 ～ 1000 m 的常绿阔叶林中树干上或山谷岩石上。分布于尼泊尔、不丹、印度、缅甸和泰国。

石斛属
Dendrobium

学名·*Dendrobium devonianum*

形态特征： 茎下垂，稍肉质，细圆柱形，不分枝，具多数节。叶纸质、二列互生于整个茎上，狭卵状披针形，长 8 ～ 13 cm，宽 1.2 ～ 2.5 cm，先端长渐尖。总状花序常数个，出自于落了叶的老茎上，每个具 1 ～ 2 朵花；花质地薄，开展，具香气；中萼片白色，上部具紫红色晕，卵状披针形，侧萼片与中萼片同色；花瓣与萼片同色，卵形，边缘具短流苏，唇瓣白色，前部紫红色，中部以下两侧具紫红色条纹，近圆形，唇盘两侧各具 1 个黄色斑块。花期 4 ～ 5 月。

产地及生境： 产于我国广西、贵州、云南和西藏。生于海拔达 1900 m 的山地密林中树干上。分布于不丹、印度、缅甸、泰国和越南。

石斛属
Dendrobium

学名·*Dendrobium discolor* var. *broomfieldii*

形态特征： 附生。茎直立，粗壮，圆柱形，不分枝，具多数节。叶二列互生于茎上，卵圆形或椭圆形，先端不明显二裂。总状花序着生于近茎的顶端，花序直立，花黄色，萼片及花瓣近相似，长椭圆形，边缘波状，扭转，唇瓣带状，边缘波状，先端反转。花期春季。

产地及生境： 产于新几内亚、澳大利亚及印度尼西亚等地。

石斛属
Dendrobium

学名·*Dendrobium ellipsophyllum*
别名·黄毛石斛

形态特征： 茎直立或斜立，圆柱形，长约 50 cm，不分枝，具多数节。叶二列，紧密互生于整个茎上，舌状披针形，长 4～5 cm，宽 15～19 mm，先端钝并且不等侧二裂，基部心形抱茎并且下延为紧抱于茎的鞘。花白色，与叶对生，具香气；中萼片反卷，卵状长圆形，侧萼片反卷，长圆状披针形，花瓣反卷，狭披针形，唇瓣肉质，比萼片大，三裂，侧裂片小，三角形，中裂片较大，近横长圆形或圆形，唇盘中部以上黄色，中央具 3 条褐紫色的龙骨脊。花期 6 月。

产地及生境： 产于我国云南。生于海拔 1100 m 的山地阔叶林中树干上。分布于缅甸、老挝、柬埔寨、越南、泰国等国。

石斛属
Dendrobium

学名·*Dendrobium eximium*

形态特征： 附生。茎纺锤形，肉质，具棱。叶着生于茎顶，卵圆形，先端钝。花茎从顶部或近顶部的茎节处抽生而出，疏生数朵花，萼片淡黄色，具绿色脉纹，背面具软刺毛，花瓣白色，三角状卵形，唇瓣三裂，侧裂片直立，带紫色纵纹，中裂片黄色，卷曲。花期春季及秋季。

产地及生境： 产于新几内亚。生于海拔 400～650 m 的覆有苔藓的林中树干上。

石斛属
Dendrobium

学名·*Dendrobium faciferum*

形态特征： 附生。茎圆柱形，下面粗壮，上面细狭，具多数节。叶二色，互生于茎上，总状花序，着生于茎顶的节上，红色，萼片三角形，侧萼片鳍状，花瓣长三角形，唇瓣小。花期春季。

产地及生境： 产于小巽他群岛、苏拉威西和马鲁古群岛。附生于树干上。

石斛属
Dendrobium

学名·*Dendrobium falconeri*
别名·红鹏石斛、新竹石斛

形态特征： 茎悬垂，肉质，细圆柱形，多分枝，在分枝的节上通常肿大而成念珠状。叶薄革质，常 2～5 枚，互生于分枝的上部，狭披针形，长 5～7 cm，宽 3～7 mm。总状花序侧生，常减退成单朵；花大、开展、质地薄、很美丽；萼片淡紫色或水红色带深紫色先端；中萼片卵状披针形，侧萼片卵状披针形；花瓣白色带紫色先端，卵状菱形，唇瓣白色带紫色先端，卵状菱形；唇盘具 1 个深紫色斑块。花期 5～6 月。

产地及生境： 产于我国湖南、台湾、广西和云南。生于海拔 800～1900 m 的山谷岩石上和山地密林中树干上。不丹、印度、缅甸、泰国及越南也有分布。

石斛属
Dendrobium

学名·*Dendrobium farmeri*
别名·四角石斛

形态特征： 茎直立，近棒状。叶绿色，着生于茎顶，长椭圆形。总状花序，疏生 20 余朵花或更多，花瓣及萼片白色或浅粉色，唇瓣前端白色，后部金黄色，不同个体花色有差异。花期春季。

产地及生境： 产于泰国、老挝、柬埔寨等地。生于海拔 500～1800 m 的树干上。

流苏石斛

石斛属 *Dendrobium*　学名·*Dendrobium fimbriatum*

形态特征： 茎粗壮，斜立或下垂，质地硬，圆柱形或有时基部上方稍呈纺锤形，不分枝，具多数节。叶二列，革质，长圆形或长圆状披针形，先端急尖，有时稍二裂。总状花序疏生 6 ～ 12 朵花；花金黄色，质地薄，开展，稍具香气；中萼片长圆形，侧萼片卵状披针形，花瓣长圆状椭圆形，唇瓣比萼片和花瓣的颜色深，近圆形，基部两侧具紫红色条纹，边缘具复流苏，唇盘具 1 个新月形横生的深紫色斑块，上面密布短绒毛。花期 4 ～ 6 月。

产地及生境： 产于我国广西、贵州和云南。生于海拔 600 ～ 1700 m 的密林中树干上或山谷阴湿岩石上。分布于印度、尼泊尔、不丹、缅甸、泰国和越南。

棒节石斛

石斛属 *Dendrobium*　学名·*Dendrobium findlayanum*
别名·蜂腰石斛

形态特征： 茎直立或斜升，长约 20 cm，不分枝，节间膨大。叶大茎的上半部分互生，披针形，革质，长 5.5 ～ 8 cm，宽 1.3 ～ 2 cm，基部抱茎。花开展，萼片及花瓣白色，顶部玫瑰色，唇瓣卵圆形，边缘白色，中心黄绿色，先端尖，玫瑰色。花期春季。

产地及生境： 产于我国云南。生于海拔 800 ～ 900 m 的疏林中。越南、泰国、缅甸也有分布。

石斛属
Dendrobium

学名·*Dendrobium friedericksianum*

形态特征： 附生。茎细圆柱形，直立或斜升，具多数节。叶二列，互生于茎上，先端不明显2浅裂，长椭圆形，薄革质，基部抱茎。花着生于茎节上，黄色。萼片及花瓣近相似，浅波状，黄色，唇瓣卵圆形。花期春季。

产地及生境： 产于泰国及马来西亚的森林中。

石斛属
Dendrobium

学名·*Dendrobium × gracillimum*

形态特征： 茎直立或斜立，圆柱形，具多节。叶生于近茎顶，长椭圆形，先端尖。总状花序顶生，多花，中萼近直立，侧萼片内弯浅黄色，花瓣披针形，唇瓣三裂，侧裂片直立，具紫褐色斑点，中裂片近卵形，先端尖，具紫褐色斑点。不同个体色泽有差异。花期春季。

产地及生境： 产于澳大利亚。

海南石斛

石斛属
Dendrobium

学名·*Dendrobium hainanense*

形态特征： 茎质地硬，直立或斜立，扁圆柱形，不分枝，具多个节。叶厚肉质，二列互生，半圆柱形，长 2 ～ 2.5 cm，宽 1 ～ 3 mm，先端钝，基部扩大呈抱茎的鞘，中部以上向外弯。花小，白色，单生于落了叶的茎上部；中萼片卵形，侧萼片卵状三角形，花瓣狭长圆形，唇瓣倒卵状三角形，唇盘中央具 3 条较粗的脉纹从基部到达中部。花期通常 9 ～ 10 月。

产地及生境： 产于我国香港和海南。生于海拔 1000 ～ 1700 m 的山地阔叶林中树干上。分布于越南和泰国。

细叶石斛

石斛属
Dendrobium

学名·*Dendrobium hancockii*

形态特征： 茎直立，质地较硬，圆柱形或有时基部上方有数个节间膨大而形成纺锤形，通常分枝。叶通常 3 ～ 6 枚，互生于主茎和分枝的上部，狭长圆形，长 3 ～ 10 cm，宽 3 ～ 6 mm，先端钝并且不等侧二裂。总状花序具 1 ～ 2 朵花；花质地厚，稍具香气，开展，金黄色，仅唇瓣侧裂片内侧具少数红色条纹；中萼片卵状椭圆形，

侧萼片卵状披针形，花瓣斜倒卵形或近椭圆形，唇瓣长宽相等，中部三裂；唇盘通常浅绿色。花期 5 ～ 6 月。

产地及生境： 产于我国陕西、甘肃、河南、湖北、湖南、广西、四川、贵州和云南。生于海拔 700 ～ 1500 m 的山地林中树干上或山谷岩石上。越南也有分布。

石斛属
Dendrobium

学名·*Dendrobium harveyanum*

形态特征： 茎纺锤形，质地硬，不分枝，具 3～9 节。叶革质，斜立，常 2～3 枚互生于茎的上部，长圆形或狭卵状长圆形，长 10.5～12.5 cm，宽 1.6～2.6 cm，先端急尖。总状花序，下垂，疏生少数花；花金黄色，质地薄，开展；中萼片披针形，侧萼片卵状披针形，花瓣长圆形，唇瓣近圆形，边缘具复式流苏，唇盘密布短绒毛。花期 3～4 月。

产地及生境： 产于我国云南。生于海拔 1100～1700 m 的疏林中树干上。分布于缅甸、泰国和越南。

石斛属
Dendrobium

学名·*Dendrobium henanense*

形态特征： 附生草本。茎丛生，近圆柱形，回形弯曲。叶 2～4 枚，生于茎顶，近革质，矩圆状披针形，长 1.4～2.6 cm，宽 5～8 mm，先端钝，略钩转。总状花序，单花或双花，花开展，萼片与花瓣白色，具 5 脉，唇瓣摊开后轮廓卵状菱形，唇盘有 1 紫色斑块。蒴果。

产地及生境： 产于我国河南。生于海拔 700～1400 m 的半阴坡潮湿的岩石上。

石斛属
Dendrobium

学名·*Dendrobium hercoglossum*
别名·网脉唇石斛

形态特征： 茎下垂，圆柱形。叶薄革质，狭长圆形或长圆状披针形，长 4 ～ 10 cm，宽 4 ～ 14 mm，先端钝并且不等侧 2 圆裂。总状花序通常数个，从落了叶的老茎上发出，常具 2 ～ 3 朵花；花开展，萼片和花瓣淡粉红色；中萼片卵状长圆形，侧萼片稍斜卵状披针形，花瓣倒卵状长圆形，唇瓣白色，直立，分前后唇；后唇半球形，前端密生短流苏，内面密生短毛；前唇淡粉红色，较小，三角形，先端急尖。花期 5 ～ 6 月。

产地及生境： 产于我国安徽、江西、湖南、广东、海南、广西、贵州和云南。生于海拔 600 ～ 1300 m 的山地密林中树干上和山谷湿润岩石上。分布于泰国、老挝、越南和马来西亚。

石斛属
Dendrobium

学名·*Dendrobium heterocarpum*

形态特征： 茎常斜立，厚肉质，多少呈棒状，不分枝，具数节。叶革质，长圆状披针形，通常长 7 ～ 10 cm，宽 1.2 ～ 2 cm，先端急尖或稍钝。总状花序具 1 ～ 4 朵花；花开展，具香气，萼片和花瓣银白色或奶黄色；中萼片长圆形，侧萼片斜卵状披针形，与中萼片等大，花瓣卵状长圆形，唇瓣卵状披针形，不明显三裂；侧裂片黄色带红色条纹，中裂片银白色或奶黄色。花期 3 ～ 4 月。

产地及生境： 产于我国云南。生于海拔 1500 ～ 1800 m 的山地疏林中树干上。分布于斯里兰卡、印度、尼泊尔、不丹、缅甸、泰国、老挝、越南、菲律宾、马来西亚和印度尼西亚。

石斛属
Dendrobium

学名·*Dendrobium huoshanense*

形态特征： 茎直立，肉质，不分枝，具3～7节。叶革质，2～3枚互生于茎的上部，斜出，舌状长圆形。总状花序1～3个，从落了叶的老茎上部发出，具1～2朵花；花淡黄绿色，开展；中萼片卵状披针形，侧萼片镰状披针形，花瓣卵状长圆形，唇瓣近菱形，上部稍三裂，中裂片半圆状三角形，基部密生长白毛并且具1个黄色横椭圆形的斑块。花期5月。

产地及生境： 产于我国河南和安徽。生于山地林中树干上和山谷岩石上。

石斛属
Dendrobium

凯氏石斛

学名·*Dendrobium keithii*

形态特征： 茎近木质，扁三棱形，具多个节。叶二列，套叠互生，厚革质，两侧压扁呈短剑状，先端急尖，基部扩大呈紧抱于茎的鞘。花序侧生；花小，黄色；中萼片及侧萼片近三角形；花瓣狭，长圆形，唇瓣前端黄色，基部带有紫色斑点。蒴果。花期冬季。

产地及生境： 产于泰国。附生于林中树干上。

石斛属
Dendrobium　学名·*Dendrobium jenkinsii*

形态特征： 茎假鳞茎状，密集或丛生，多少两侧压扁状，纺锤形或卵状长圆形，茎长1～2.5 cm，具2～3节，顶生一枚叶。叶革质，长圆形，长3～8 cm，宽6～30 mm，先端钝并且微凹，基部收狭，边缘多少波状。总状花序从茎上端发出，短于或约等长于茎，具1～3朵花；花橘黄色，开展，薄纸质；中萼片卵状披针形，侧萼片与中萼片近等大；花瓣宽椭圆形，唇瓣横长圆形或近肾形，唇瓣整个上面密被短柔毛。花期4～5月。

产地及生境： 产于我国云南。常生于海拔700～1300 m的疏林中树干上。分布于不丹、印度、缅甸、泰国和老挝。

石斛属
Dendrobium

学名·*Dendrobium kingianum*

形态特征： 茎圆柱形，具多个节。叶着生于近茎顶，绿色，长椭圆形。总状花序，着花数朵，开展。萼片及花瓣粉红色，唇瓣前端带有紫色条纹，后部白色。栽培的不同个体萼片、花瓣及唇瓣色泽有差异。花期春季。

产地及生境： 产于澳大利亚。生于阔叶林中树干上。

石斛属
Dendrobium

学名·*Dendrobium lasianthera*

形态特征： 附生草本。茎圆柱形，直立，具多节。叶二列，互生，长椭圆形，先端尖，基部抱茎。花序顶生，萼片与花瓣近相似，披针形，扭转，紫褐色。唇瓣三裂，侧裂片紫色，基部带有黄色纵纹，中裂片紫色，波状。花期春季。

产地及生境： 产于印度尼西亚。

石斛属
Dendrobium

学名·*Dendrobium lawesii*

形态特征：附生草本。茎圆柱形，具多数节，茎长可达 60 cm。叶互生，卵圆形，先端尖，基部抱茎。花中等大，花筒红色，中萼片及侧萼片卵圆形，黄色，花瓣黄色，唇瓣白色。花期不定。

产地及生境：产于巴布亚新几内亚、所罗门群岛等地。生于海拔 500 ～ 1800 m 的树干上。

石斛属
Dendrobium

学名·*Dendrobium lindleyi*

形态特征：茎假鳞茎状，密集或丛生，多少两侧压扁状，纺锤形或卵状长圆形，顶生一枚叶，具 4 个棱和 2 ～ 5 个节。叶革质，长圆形，长 3 ～ 8 cm，宽 6 ～ 30 mm，先端钝并且微凹，基部收狭。总状花序，远比茎长，长达 27 cm，疏生数朵至 10 余朵花；花橘黄色，开展，薄纸质；中萼片卵状披针形，侧萼片与中萼片近等大；唇瓣横长圆形或近肾形，不裂。花期 4 ～ 5 月。

产地及生境：产于我国广东、香港、海南、广西和贵州。喜生海拔达 1000 m 阳光充裕的疏林中树干上。分布于不丹、印度、缅甸、泰国、老挝和越南。

石斛属
Dendrobium

学名·*Dendrobium lituiflorum*

形态特征: 茎下垂,稍肉质,圆柱形,不分枝,具多节。叶纸质,狭长圆形,长7.5～18 cm,宽12～15 mm,先端渐尖并且一侧稍钩转。总状花序多个,出自于落了叶的老茎上,每个通常1～2朵花;花大,紫色,膜质,开展;中萼片长圆状披针形,侧萼片相似于中萼片而等大,唇瓣周边为紫色,内面有一条白色环带围绕的深紫色斑块。花期3月。

产地及生境: 产于我国广西和云南。生于海拔800～1600 m的山地阔叶林中树干上。印度、缅甸、泰国、老挝及越南也有分布。

石斛属
Dendrobium

学名·*Dendrobium miyakei*

别名·红石斛

形态特征: 茎直立或悬垂,圆柱形,有时中部增粗而稍呈纺锤形,不分枝,具多个节。叶薄革质,披针形或卵状披针形,长6～10 cm,宽1.2～2 cm,先端渐尖。总状花序出自落了叶的老茎上,呈簇生状,密生6～10朵花;花鲜红色,不甚张开;中萼片椭圆形,侧萼片斜卵形,基部歪斜,唇瓣匙形。花期3～11月常不定时开放。

产地及生境: 产于我国台湾地区。生长海拔200～400 m。菲律宾也有分布。

石斛属
Dendrobium

学名·*Dendrobium moniliforme*
别名·铜皮石斛、台湾石斛

形态特征: 茎直立,细圆柱形。叶数枚,二列,常互生于茎的中部以上,披针形或长圆形,长 3 ～ 4.5 cm,宽 5 ～ 10 mm,先端钝并且稍不等侧二裂。总状花序 2 至数个,生于茎中部以上具叶和落了叶的老茎上,通常具 1 ～ 3 朵花;花黄绿色、白色或白色带淡紫红色,有时芳香;萼片和花瓣相似,卵状长圆形或卵状披针形,花瓣通常比萼片稍宽;唇瓣白色、淡黄绿色或绿白色,带淡褐色或紫红色至浅黄色斑块。花期通常 3 ～ 5 月。

产地及生境: 产于我国陕西、甘肃、安徽、浙江、江西、福建、台湾、河南、湖南、广东、广西、贵州、四川和云南。生于海拔 600 ～ 3000 m 的阔叶林中树干上或山谷岩壁上。不丹、印度、缅甸、尼泊尔、越南、朝鲜半岛、日本也有分布。

石斛属
Dendrobium

学名·*Dendrobium moschatum*

形态特征: 茎粗壮,质地较硬,直立,圆柱形,不分枝,具多节。叶革质,二列;互生于茎的上部,长圆形至卵状披针形,长 10 ～ 15 cm,宽 1.5 ～ 3 cm,先端渐尖或不等侧二裂。总状花序下垂,疏生数至 10 余朵花;花深黄色,白天开放,晚间闭合,中萼片长圆形,侧萼片长圆形,花瓣斜宽卵形,唇瓣圆形,边缘内卷而形成杓状,唇盘基部两侧各具 1 个浅紫褐色的斑块。花期 4 ～ 6 月。

产地及生境: 产于我国云南。生于海拔达 1300 m 的疏林中树干上。分布于印度、尼泊尔、不丹、缅甸、泰国、老挝和越南。

石斛属
Dendrobium

学名·*Dendrobium mutabile*
别名·双色石斛

形态特征： 茎悬垂，细长，圆柱形。叶着生近茎顶，长椭圆形。总状花序出自去年生近茎的顶端，着花十余朵或更多，花瓣及萼片白色并带淡紫红色条带，唇瓣白色，二裂，前端稍带淡紫红色，下部带有黄色斑块。花期不定。

产地及生境： 产于印尼。生于海拔 500～1800 m 的林中树干上。

石斛属
Dendrobium

学名·*Dendrobium officinale*
别名·黑节草、云南铁皮

形态特征： 茎直立，圆柱形，不分枝，具多节，常在中部以上互生 3～5 枚叶。叶二列，纸质，长圆状披针形，长 3～7 cm，宽 9～15 mm。总状花序常从落了叶的老茎上部发出，具 2～3 朵花；萼片和花瓣黄绿色，近相似，长圆状披针形，侧萼片基部较宽阔，唇瓣白色，不裂或不明显三裂，中部以下两侧具紫红色条纹，唇盘密布细乳突状的毛，并且在中部以上具 1 个紫红色斑块。花期 3～6 月。

产地及生境： 产于我国安徽、浙江、福建、广西、四川和云南。生于海拔达 1600 m 的山地半阴湿的岩石上。

石斛属 *Dendrobium*

金钗石斛

学名·*Dendrobium nobile*
别名·石斛

形态特征： 茎直立，肉质状肥厚，稍扁的圆柱形，不分枝，具多节，节有时稍肿大，节间多少呈倒圆锥形。叶革质，长圆形，长 6 ～ 11 cm，宽 1 ～ 3 cm，先端钝并且不等侧二裂。总状花序具 1 ～ 4 朵花；花大，白色带淡紫色先端，有时全体淡紫红色或除唇盘上具 1 个紫红色斑块外，其余均为白色；中萼片长圆形，侧萼片相似于中萼片，唇瓣宽卵形，唇盘中央具 1 个紫红色大斑块。花期 4 ～ 5 月。

产地及生境： 产于我国台湾、湖北、香港、海南、广西、四川、贵州、云南和西藏。生于海拔 500 ～ 1700 m 的山地林中树干上或山谷岩石上。分布于印度、尼泊尔、不丹、缅甸、泰国、老挝和越南。

肿节石斛

石斛属
Dendrobium

学名·*Dendrobium pendulum*

形态特征： 茎斜立或下垂，肉质状肥厚，圆柱形。叶纸质，长圆形，长 9～12 cm，宽 1.7～2.7 cm，先端急尖。总状花序通常出自落了叶的老茎上部，具 1～3 朵花；花大，白色，上部紫红色，开展，具香气；中萼片长圆形，侧萼片与中萼片等大，花瓣阔长圆形，唇瓣白色，中部以下金黄色，上部紫红色。花期 3～4 月。

产地及生境： 产于我国云南。生于海拔 1000～1600 m 的山地疏林中树干上。分布于印度、缅甸、泰国、越南和老挝。

石斛属
报春石斛
Dendrobium　　学名·*Dendrobium primulinum*

形态特征: 茎下垂,厚肉质,圆柱形,不分枝,具多数节。叶纸质,二列,互生于整个茎上,披针形或卵状披针形,长 8 ～ 10.5 cm,宽 2 ～ 3 cm,先端钝并且不等侧二裂。总状花序具 1 ～ 3 朵花;花开展,下垂,萼片和花瓣淡玫瑰色;中萼片狭披针形,侧萼片与中萼片同形而等大,花瓣狭长圆形,唇瓣淡黄色带淡玫瑰色先端,唇盘具紫红色的脉纹。花期 3 ～ 4 月。

产地及生境: 产于我国云南。生于海拔 700 ～ 1800 m 的山地疏林中树干上。分布于印度、尼泊尔、缅甸、泰国、老挝和越南。

石斛属
滇桂石斛
Dendrobium　　学名·*Dendrobium scoriarum* / 异名·*Dendrobium guangxiense*
别名·广西石斛

形态特征: 茎圆柱形,近直立,不分枝,具多数节。叶通常数枚,二列,互生于茎的上部,近革质,长圆状披针形,长 3 ～ 6 cm,宽 7 ～ 15 mm,先端钝并且稍不等侧二裂。总状花序出自落了叶或带叶的老茎上部,具 1 ～ 3 朵花;花开展,萼片淡黄白色或白色,中萼片卵状长圆形,侧萼片斜卵状三角形,花瓣与萼片同色,唇瓣白色或淡黄色,不明显三裂,唇盘在中部前方具 1 个大的紫红色斑块并且密布绒毛。花期 4 ～ 5 月。

产地及生境: 产于我国广西、贵州和云南。生于海拔约 1200 m 的石灰山岩石上或树干上。

石斛属
Dendrobium

学名·*Dendrobium senile*

别名·白叟石斛

形态特征：附生植物，株高 2 ～ 8 cm。茎圆柱形，具节，上密布白色软毛。叶长椭圆形，密布白色短绒毛，先端尖，基部渐狭。花黄色，萼片近等大，长卵形，先端尖，花瓣卵形，先端尖。唇瓣大，长卵圆形，边缘黄色，中部黄绿色并带有淡紫色斑纹，花径 3 ～ 5 cm。花期 1 ～ 3 月。

产地及生境：产于泰国、越南、老挝及缅甸。生于 500 ～ 1200 m 的林中树干上。

石斛属
Dendrobium

学名·*Dendrobium shixingense*

形态特征：附生草本，株高 10 ～ 25 cm。茎簇生，直立或下垂，圆筒状，直径 3 ～ 5 mm。叶 5 ～ 7 枚，长 3 ～ 6 cm，宽 1.0 ～ 1.5 cm。每径 1 ～ 3 朵花，花开展，萼片及花瓣粉红色，侧萼片略大，唇瓣先端尖，中心具紫褐色斑块。花期 5 ～ 7 月。

产地及生境：产于我国广东始兴。附生于海拔 400 ～ 600 m 的山地林中。

华石斛

石斛属
Dendrobium　　学名·*Dendrobium sinense*

形态特征: 茎直立或弧形弯曲而上举，细圆柱形，偶尔上部膨大呈棒状，不分枝，具多个节。叶数枚，二列，通常互生于茎的上部，卵状长圆形，长 2.5 ～ 4.5 cm，宽 6 ～ 11 mm，先端钝并且不等侧二裂。花单生于具叶的茎上端，白色；中萼片卵

形，侧萼片斜三角状披针形，花瓣近椭圆形，唇瓣的整体轮廓倒卵形，三裂；侧裂片近扇形，中裂片扁圆形，唇盘具 5 条纵贯的褶片；褶片红色，在中部呈小鸡冠状。花期 8 ～ 12 月。

产地及生境: 产于我国海南。生于海拔达 1000 m 的山地疏林中树干上。

绿宝石斛

石斛属
Dendrobium　　学名·*Dendrobium smillieae*

形态特征: 茎直立，圆柱形，具多节。叶二列，互生，近卵圆形。总状花序，花着生于成熟的老茎上，着花数十朵乃至更多，萼片及花瓣粉红色，前端有绿斑块，唇瓣前部绿色，基部黄绿色。不同的栽培个体花色有差异。主要花期夏季。

产地及生境: 产于澳大利亚、巴布亚新几内亚。生于海拔 600 m 以下的林中树干及岩石上。

石斛属
Dendrobium

学名·*Dendrobium spectabile*
别名·魔鬼石斛

形态特征： 茎直立，圆柱形。叶着生于茎的近顶端，绿色，长椭圆形。总状花序，着生于老茎上部，着花数朵。萼片及花瓣黄绿色并扭转，上具褐色斑纹。唇瓣灰白色，上具深褐色斑纹，边缘波状。花期冬季到次年春季。

产地及生境： 产于巴布亚新几内亚及所罗门群岛。生于海拔 300 ~ 2000 m 的热带雨林及红树林沼泽的树干上。

石斛属
Dendrobium

学名·*Dendrobium stratiotes*
别名·羊角石斛

形态特征： 茎粗壮，圆柱形，具多节。叶互生，革质，卵形或卵状椭圆形。总状花序生于老茎顶部，常着花十几朵，花大。萼片近等大，白色，上具黄色纵纹，常扭转，花瓣披针形，扭曲呈羚羊角状，下部白色，上部过渡至黄色。唇瓣三裂，侧裂片直立，带有紫色脉纹，中裂片菱形，上有紫红色脉纹。花期春季。

产地及生境： 产于巴布亚新几内亚。生于低地的雨林树干上。

石斛属
Dendrobium

具槽石斛

学名·*Dendrobium sulcatum*

形态特征： 茎通常直立，肉质，扁棒状，不分枝，具纵条纹和数个节。叶纸质，数枚，互生于茎的近顶端，常斜举，长圆形，长 18～21 cm，宽 4.5 cm，先端急尖或有时等侧 2 尖裂，基部稍收狭。总状花序下垂，密生少数至多数花；花质地薄，白天张开，晚间闭合，奶黄色；中萼片长圆形，侧萼片与中萼片近等大；唇瓣的颜色较深，呈橘黄色，近基部两侧各具 1 个褐色斑块，近圆形。花期 6 月。

产地及生境： 产于我国云南。生于海拔 700～800 m 的密林中树干上。印度、缅甸、泰国、老挝也有分布。

石斛属
Dendrobium

学名・*Dendrobium terminale*

形态特征：茎近木质，直立，有时上部分枝，扁三棱形，具多个节。叶二列，疏松套叠，厚革质或肉质，斜立，两侧压扁呈短剑状或匕首状，长 3 ～ 4 cm，宽 6 ～ 10 mm，先端急尖。总状花序顶生或侧生；花序具 1 ～ 3 朵花，花小，淡黄白色；中萼片卵状长圆形，侧萼片斜卵状三角形，花瓣狭长圆形。花期 9 ～ 11 月。

产地及生境：产于我国云南。生于海拔 800 ～ 1100 m 的山地林缘树干上或山谷岩石上。分布于印度、缅甸、泰国、越南、马来西亚。

石斛属
Dendrobium

学名・*Dendrobium tetragonum*
别名・树蜘蛛兰

形态特征：附生兰。茎悬垂，扁，具棱。叶着生于茎顶，长椭圆形，先端尖，基部抱茎。花序顶生，着花 3 ～ 5 朵。萼片披针形，近等大，先端尾尖，黄色，边缘褐色，花瓣线形，黄色。唇瓣小。花期春季。

产地及生境：产于澳大利亚的昆士兰州及新南威尔士州。生长海拔 500 ～ 1000 m。

石斛属
Dendrobium

球花石斛

学名·*Dendrobium thyrsiflorum*

形态特征： 茎直立或斜立，圆柱形，粗状，不分枝，具数节。叶 3 ～ 4 枚互生于茎的上端，革质，长圆形或长圆状披针形，长 9 ～ 16 cm，宽 2.4 ～ 5 cm，先端急尖，基部下延为抱茎的鞘。总状花序下垂，密生许多花；花开展，质地薄，萼片和花瓣白色；中萼片卵形，侧萼片稍斜卵状披针形，花瓣近圆形，唇瓣金黄色，半圆状三角形。花期 4 ～ 5 月。

产地及生境： 产于我国云南。生于海拔 1100 ～ 1800 m 的山地林中树干上。分布于印度、缅甸、泰国、老挝和越南。

石斛属
Dendrobium

学名·*Dendrobium trigonopus*

形态特征： 茎丛生，肉质状粗厚，呈纺锤形或有时棒状，不分枝，具3～5节。叶厚革质，3～4枚近顶生，长圆形，长8～9.5 cm，宽15～25 mm，先端锐尖。总状花序常具2朵花；花下垂，不甚开展，质地厚，除唇盘稍带浅绿色外，均为蜡黄色；中萼片和侧萼片近相似，狭披针形，花瓣卵状长圆形，唇瓣直立，三裂。花期3～4月。

产地及生境： 产于我国云南。生于海拔1100～1600 m的山地林中树干上。缅甸、泰国、老挝也有分布。

石斛属
Dendrobium

学名·*Dendrobium unicum*

形态特征： 茎直立或斜立，圆柱形。叶二列，互生于茎上，长披针形。花着生于去年落叶的老茎上，1～2朵为一束，花瓣及萼片红色，反卷。唇瓣浅黄色，上具红色脉纹。个体花色有差异。花期冬季至次年春季。

产地及生境： 产于老挝、缅甸及泰国。生于海拔800～1550 m的林中小灌木上或山石上。

石斛属
Dendrobium 学名·*Dendrobium victoriae-reginae*

形态特征： 附生草本，丛生。假鳞茎圆柱形，具多数节。叶二列，互生于茎上，椭圆形，先端尖或钝，基部抱茎。总状花序，1～3朵花，萼片与花瓣近相似，上部蓝色，下部白色，唇瓣舌状，蓝色，上有紫色纵纹。花期晚春。

产地及生境： 产于菲律宾。生于海拔1300～2700 m的覆有苔藓的橡木上。

石斛属
Dendrobium 学名·*Dendrobium wardianum*
别名·腾冲石斛

形态特征： 茎斜立或下垂，肉质状肥厚，圆柱形，不分枝，具多节。叶薄革质，二列，狭长圆形，长5.5～15 cm，宽1.7～2 cm，先端急尖，基部具鞘；叶鞘紧抱于茎。总状花序具1～3朵花；花大，开展，白色带紫色先端；中萼片长圆形，侧萼片与中萼片近等大，花瓣宽长圆形，唇瓣白色带紫色先端，宽卵形，唇盘两侧各具1个暗紫色斑块。花期3～5月。

产地及生境： 产于我国云南。生于海拔1300～1900 m的山地疏林中树干上。分布于不丹、印度、缅甸、泰国和越南。

石斛属
Dendrobium
学名·*Dendrobium hybrida*

形态特征： 分为两个类型，Nobile type 类型：即节生花石斛类，大陆及台湾俗称为春石斛，如，花序着生于茎节上，自然花期大多为 3～5 月，也有部分品种 1～2 月开花；Phalaenopsis type 及 Antelope type 类型：前者为蝴蝶石斛类，后者为羚羊石斛类，两者大陆及台湾俗称为秋石斛，花序着生于茎顶，自然花期为 8～12 月，也有部分种只要温度适合，全年皆可开花。

产地及生境： 园艺种。栽培的部分品种有：'巨花'石斛 *Dendrobium* Formidible、'曙光'石斛 *Dendrobium* Frosty Dawn、'猫眼'石斛 *Dendrobium* Gatton Sunray、'金斯卡'石斛 *Dendrobium* Ginsekai、'阿雅金色'石斛 *Dendrobium* Golden Aya、'粉梦幻'石斛 *Dendrobium* Hamana Lake 'Kumi'、*Dendrobium* Ong-Ang Ai Boon、金日成花 *Dendrobium* Kimil Sung、'小红帽'石斛 *Dendrobium* Rainbow Dance 'Akazukin chan'、'彩虹舞曲'石斛 *Dendrobium* Rainbow Dance、'火鸟'石斛 *Dendrobium* Stardust 'Fire Bird'、'千代海'石斛 *Dendrobium* Stardust 'Chiyomi'、*Dendrobium* Tsiku Miko x usitae、'微笑'石斛 *Dendrobium* To My kids 'Smile'。

◆ '巨花'石斛

◆ '曙光'石斛

◆ '猫眼'石斛

◆ '粉梦幻'石斛

◆ *Dendrobium* Ong-Ang Ai Boon

'金斯卡'石斛

'阿雅金色'石斛

'小红帽'石斛

'火鸟'石斛

金日成花

'彩虹舞曲'石斛

Dendrobium Tsiku Miko x usitae

'微笑'石斛

'千代海'石斛

石斛属
Dendrobium

学名·*Dendrobium williamsonii*

形态特征： 茎圆柱形，有时肿大呈纺锤形，不分枝，具数节。叶数枚，通常互生于茎的上部，革质，长圆形，长 7～9.5 cm，宽 1～2 cm，先端钝并且不等侧二裂。总状花序具 1～2 朵花；花开展，萼片和花瓣淡黄色或白色，相似，近等大，狭卵状长圆形，唇瓣淡黄色或白色，带橘红色的唇盘。花期 4～5 月。

产地及生境： 产于我国海南、广西和云南。生于海拔约 1000 m 的林中树干上。印度、缅甸、越南也有分布。

石斛属
Dendrobium

学名·*Dendrobium wilsonii*

形态特征： 茎直立或斜立，细圆柱形，不分枝，具少数至多数节。叶革质，二列、数枚，互生于茎的上部，狭长圆形，长 3～7 cm，宽 6～15 mm，先端钝并且稍不等侧二裂。总状花序 1～4 个，具 1～2 朵花；花大，乳白色，有时带淡红色，开展；中萼片长圆状披针形，侧萼片三角状披针形，花瓣近椭圆形，唇瓣卵状披针形，三裂或不明显三裂，唇盘中央具 1 个黄绿色的斑块。花期 5 月。

产地及生境： 产于我国福建、湖北、湖南、广东、广西、四川、贵州和云南。生于海拔 1000～1300 m 的山地阔叶林中树干上或林下岩石上。

足柱兰属
Dendrochilum

学名·*Dendrochilum glumaceum*

形态特征：附生。茎卵圆形，上具一枚叶。叶薄革质，先端尖，基部渐狭成柄，全缘。花序穗状，着花数十朵，花白色，萼片近相似，披针形，花瓣小，近线形，唇瓣黄色。花期秋季。

产地及生境：产于菲律宾及婆罗洲。生于海拔 500 ～ 2300 m 的林中或岩石上。

足柱兰属
Dendrochilum

学名·*Dendrochilum wenzelii*

形态特征：附生草本。假鳞茎密集，狭卵形，顶端生一枚叶。叶近革质，具柄。花葶生于幼嫩的假鳞茎顶端，纤细；总状花序具多朵二列排列的花，俯垂；花小，红色，近于完全开放；萼片离生，相似；花瓣略小于萼片；唇瓣近长圆形。花期春季。

产地及生境：产于菲律宾。生于海拔 500 ～ 1000 m 的森林树干上。

本属概况：本属约 270 种，产于东南亚、新几内亚及澳大利亚等地。我国仅 1 种，产于台湾。

双丝兰属
Dinema

学名·*Dinema polybulbon* / 异名·*Epidendrum polybulbon*

别名·聚豆树兰

形态特征：附生兰。根状茎匍匐，每距 5 ～ 8 cm 生 1 假鳞茎，具分枝，假鳞茎卵圆形，顶生二枚叶。叶长椭圆形，先端浅裂。花着生于假鳞茎顶端，萼片及花瓣披针形，褐色，唇瓣三裂，侧裂片小，直立，唇瓣卵圆形，白色。花期春季。

产地及生境：产于墨西哥到尼加拉瓜。生于海拔 600 ～ 3200 m 的橡树林中。

蛇舌兰属
Diploprora

学名·*Diploprora championii*

别名·倒吊兰、黄吊兰

形态特征：茎质地硬，圆柱形或稍扁的圆柱形，常下垂，通常不分枝。叶纸质，镰刀状披针形或斜长圆形，长 5 ～ 12 cm，宽 1.6 ～ 2.7 cm，先端锐尖或稍钝并且具不等大的 2 ～ 3 个尖齿。总状花序与叶对生，下垂，具 2 ～ 5 朵花；花具香气，开展，萼片和花瓣淡黄色；萼片相似，长圆形或椭圆形，花瓣比萼片较小；唇瓣白色带玫瑰色，无距，侧裂片直立，近方形；中裂片较长，向先端收狭叉状二裂。花期 2 ～ 8 月，果期 3 ～ 9 月。

产地及生境：产于我国台湾、福建、香港、海南、广西、云南。生于海拔 250 ～ 1450 m 的山地林中树干上或沟谷岩石上。分布于斯里兰卡、印度、缅甸、泰国、越南。

本属概况：本属 2 种，产于我国、印度、缅甸、斯里兰卡、泰国及越南。我国产 1 种。

围柱兰属
Encyclia
学名·*Encyclia bractescens*

形态特征：附生草本，株高 20～25 cm。假鳞茎卵圆形，顶生二枚叶。叶条形，先端尖，底部对折。花葶从高于叶，总状花序，着花十余朵。萼片及花瓣近相似，披针形，褐色，唇瓣大，卵圆形，白色，上部紫色脉纹。花期春季或秋季。

产地及生境：产于墨西哥及中美洲。生于海拔 1000～1500 m 的森林中。

本属概况：本属约 174 种，产于热带美洲。

围柱兰属
Encyclia
学名·*Encyclia cordigera* 'Alba'

形态特征：附生，株高 25～40 cm。假鳞茎卵圆形，光滑，顶生二枚叶。叶革质，长椭圆形，先端尖，基部对折。总状花序顶生，着花十余朵，萼片与花瓣近等大，褐色，内弯。唇瓣三裂，侧裂片小，中裂片心形。花期春季。

产地及生境：园艺种，原种产于墨西哥、哥伦比亚及委内瑞拉。

树兰属
Epidendrum

学名·*Epidendrum centropetalum* /异名·*Oerstedella centradenia*

别名·樱姬千鸟

形态特征：附生兰。茎纤细，具节。叶二列，互生于茎节上，绿色，披针形，先端尖。顶生花序，着花十余朵，花淡紫色。萼片与花瓣近相似，萼片略大，长卵形，唇瓣三裂，侧裂片小，三角形，中裂片大，前端二裂，基部白色。花期春季至初夏。

产地及生境：产于尼加拉瓜、哥斯达黎加及巴拿马等地。生于海拔 1200 ～ 1500 m 的林中。

本属概况：本属约有 1430 种，产于热带及亚热带的美洲，附生或陆生。我国不产。

树兰属
Epidendrum

学名·*Epidendrum difforme*

形态特征：附生兰，株高 10 ～ 20 cm。具节。叶二列，互生于茎上，叶卵圆形，先端钝。花序顶生，花黄绿色，萼片近相仿，卵状披针形，花瓣披针形，唇瓣扇形，前端有凹缺。花期春季。

产地及生境：产于中美洲。

红甘蔗树兰

树兰属
Epidendrum

学名·*Epidendrum floribundum*

形态特征： 附生兰。具长茎，中间肥大，状似甘蔗。叶着生于茎节上，上部绿色，近基部红色。花序顶生，着花数朵。花瓣及萼片绿色，唇瓣白色或中间带有浅紫色。花期春季。

产地及生境： 产于热带美洲。

锥花树兰

树兰属
Epidendrum

学名·*Epidendrum paniculatum*

形态特征： 附生兰。茎细长，褐色，叶着生于节上。叶绿色，阔披针形。花着生于茎顶，具分枝，多花，可多达百朵。萼片及花瓣绿色，花瓣近线形，较狭，唇瓣白色，不同个体有差异，有的带紫色条纹。花期夏季至秋季。

产地及生境： 产于美洲南部。生于海拔 2100 m 左右的森林中。

树兰属
Epidendrum

学名·*Epidendrum parkinsonianum*

形态特征： 假鳞茎圆柱形，顶生一簇叶。叶带形，先端尖，基部较宽，绿色。花顶生，1～2朵花，花茎细长，花瓣及萼片近相似，黄绿色，披针形。唇瓣三裂，白色，侧裂片大，斜卵形，中裂片披针形，先端黄绿色，花直径约 15 cm。花期春季至夏季。

产地及生境： 产于墨西哥、危地马拉。生于海拔 1000～2300 m 的林中。

树兰属
Epidendrum

学名·*Epidendrum stamfordianum*

形态特征： 附生兰。茎绿色，具节，中部较粗壮。总状花序，从近基部处抽生而出，具分枝，花瓣及萼片绿色或黄绿色，上具多数褐色斑点，唇瓣三裂，侧裂片半圆形，中裂片二叉状，边缘呈撕裂状。主要花期冬季至次年春季。

产地及生境： 产于美洲。生于海拔 20～800 m 的干旱森林中。栽培的品种有'粉唇'史丹佛树兰 *Epidendrum stamfordianum* 'Pink'、'白唇'史丹佛树兰 *Epidendrum stamfordianum* 'Alba'。

◆ '粉唇'史丹佛树兰

◆ '白唇'史丹佛树兰

树兰属
Epidendrum

学名·*Epidendrum hybrid*

形态特征: 附生兰。茎细长。叶着生于茎节上,互生,矩圆状披针形。花序顶生,呈伞状,着花数朵至数十朵。花瓣及萼片红色、黄色、橘色等,近相似,卵圆形,唇瓣不扭转,黄色上有橘红色斑点,边缘流苏状。花期春季。

产地及生境: 栽培种。栽培的品种有'精灵之吻'树兰 *Epidendrum* Forest Valley 'Fairy Kiss'、'婚礼'树兰 *Epidendrum* Wedding Valley。

◇ '精灵之吻'树兰

◇ '精灵之吻'树兰

◇ '婚礼'树兰

◇ '婚礼'树兰

毛兰属
Eria | 学名·*Eria gagnepainii*

形态特征： 假鳞茎不膨大，细圆筒形，顶端着生二枚叶。叶长圆状披针形或椭圆状披针形，长 15 ～ 25 cm，宽 3 ～ 6 cm，先端渐尖，基部收窄。花序 1 ～ 2 个，着生于假鳞茎顶端两叶之间，具十余朵或更多的花；花黄色；中萼片长圆状椭圆形，侧萼片镰状披针形，花瓣长圆状披针形，稍弯曲，唇瓣轮廓近圆形或卵圆形，三裂；侧裂片半圆形或卵状三角形，中裂片近三角形或卵状三角形，唇盘自基部发出 2 条较高的弧形全缘褶片。花期 2 ～ 4 月。

产地及生境： 产于我国海南、香港、云南和西藏。生于 1500 ～ 2100 m 林下岩石上。越南也有分布。

本属概况： 全属约 15 种，主要分布于亚洲、马来群岛，东到新几内亚，我国有 7 种，其中 1 种为特有。

毛兰属
Eria

学名·*Eria lasiopetala* ／异名·*Dendrolirium lasiopetalum*
别名·白绵绒兰

形态特征： 根状茎横走，假鳞茎纺锤形，顶端着生 3 ～ 5 枚叶。叶椭圆形或长圆状披针形，长 12 ～ 30 cm，宽 1.5 ～ 5 cm，两端渐尖，具 8 ～ 14 条主脉。花序 1 ～ 2 个，从假鳞茎基部发出，不超出叶面；萼片背面均密被厚密的白绵毛；中萼片披针形，侧萼片三角状披针形，花瓣线形，唇瓣轮廓为卵形，三裂，裂片边缘波浪状；侧裂片半倒卵形；中裂片近长圆形；唇盘上具一个倒卵状披针形的加厚区。花期 1 ～ 4 月，果期 8 月。

产地及生境： 产于我国海南。生于海拔 1200 ～ 1700 m 的林荫下或近溪流的岩石和树干上。尼泊尔、不丹、印度、缅甸、泰国、老挝、柬埔寨和越南等国也有分布。

毛兰属
Eria

学名·*Eria marginata* ／异名·*Cylindrolobus marginatus*
别名·柱兰

形态特征： 植株高 10 ～ 20 cm。假鳞茎密集着生，棒锤状，中部和上部膨大，顶端着生 2 ～ 4 枚叶。叶长圆状披针形或卵状披针形，长 5 ～ 11 cm，宽 1 ～ 2 cm，先端急尖，基部渐收狭。花序 1 ～ 2 个，花一般 2 朵，聚伞状着生；花白色，具香气；中萼片卵状披针形，背面被白色绵毛；侧萼片镰状披针形，花瓣长圆状披针形，唇瓣轮廓为倒卵形，三裂，中央自基部至中裂片上有 1 个加厚带。花期 2 ～ 3 月，果期 5 月。

产地及生境： 产于我国云南。生于海拔 1000 ～ 2000 m 的林缘树干上。泰国和缅甸也有分布。

扇叶兰属
Erycina

学名·*Erycina pusilla*
异名·*Psygmorchis pusilla*

形态特征：具假鳞茎。叶剑形，套叠生长，基本在一个水平面上，整株呈扇状。总状花序，从叶鞘间伸出，着花 1 ～ 6 朵。花小，直径约 2.5 cm，花黄色，花瓣狭长，上有紫褐色斑块，唇瓣大。花期春季。

产地及生境：产于墨西哥至南美洲。生于海拔 500 ～ 1000 m 的低山密林的树干上。

本属概况：本属 7 种，产于墨西哥、美洲中南部及特立尼达。

鼬蕊兰属
Galeandra

学名·*Galeandra baueri*

形态特征：附生兰。假鳞茎粗大，短圆柱形。叶狭椭圆形，抱茎，草质，先端尖。花较大，花瓣及萼片近相似，宽披针形，先端尖，褐色，唇瓣大，近圆筒状，前端淡紫色至紫红色，基部黄褐色。距外弯。花期夏季。

产地及生境：产于墨西哥及苏里南。

本属概况：本属 39 种，产于中南美洲、西印度群岛及佛罗里达。

鼬蕊兰属 | 学名·*Galeandra leptoceras*
Galeandra

形态特征：附生兰。假鳞茎粗大，短圆柱形。叶集生于茎顶，狭椭圆形，基部抱茎，先端尖。花序顶生，花大，花瓣及萼片近相似，宽披针形，先端尖，褐色。唇瓣大，近圆筒状，浅

粉色，外卷，花径 12 ～ 20 cm。距褐色，细长。花期秋季至冬季。

产地及生境：产于哥伦比亚。

盆距兰属 | 学名·*Gastrochilus bellinus*
Gastrochilus

形态特征：茎粗壮。叶大，带状或长圆形，长 11.5 ～ 23.5 cm，宽 1.5 ～ 2.3 cm，先端不等侧二裂，裂片先端稍尖。伞形花序侧生，通常 2 ～ 3 个，具 4 ～ 6 朵花；花大；萼片和花瓣淡黄色带棕紫色斑点，椭圆形，近相似，花瓣比萼片稍小；前唇白色带少数紫色斑点，后唇白色带少数紫色斑点，末端圆形，黄色，上端的口缘截形、紫色。花期 4 月。

产地及生境：产于我国云南。生于海拔 1600 ～ 1900 m 的山地密林中树干上。泰国、缅甸及越南也有分布。

本属概况：约 47 种，分布于亚洲热带和亚热带地区。我国有 29 种，其中 17 种为特有。

盆距兰属 Gastrochilus

学名·*Gastrochilus japonicus*
别名·黄松兰、日本囊唇兰

形态特征： 茎粗短。叶二列互生，长圆形至镰刀状长圆形，或有时倒卵状披针形，长5～14 cm，宽5～17 mm，先端近急尖而稍钩曲。总状花序，具4～10朵花；花开展，萼片和花瓣淡黄绿色带紫红色斑点；中萼片和侧萼片相似而等大，倒卵状椭圆形或近椭圆形，花瓣近似于萼片而较小，前唇白色带黄色先端，后唇白色。

产地及生境： 产于我国台湾和香港。生于海拔200～1500 m的山地林中树干上。也产于琉球群岛。

盆距兰属 Gastrochilus

学名·*Gastrochilus obliquus*

形态特征： 茎粗短。叶二列，稍肉质或革质，长圆形至长圆状披针形，长8～20 cm，宽1.7～6 cm，先端钝并且不等侧二裂。花序近伞形，1～4个，常具5～8朵花；花芳香，萼片和花瓣黄色带紫红色斑点；萼片几等大，近椭圆形，前唇白色，近三角形，后唇兜状，两侧压扁，末端外侧黄色带紫红色斑点，具3条脊，上端具紫红色而几乎平截的口缘。花期通常10月。

产地及生境： 产于我国四川和云南。生于海拔500～1400 m的山地林缘树干上。分布于尼泊尔、不丹、印度、缅甸、老挝、越南和泰国。

天麻属 Gastrodia

天麻属 | 学名·*Gastrodia elata*
Gastrodia | 别名·赤箭

形态特征： 植株高 30 ～ 100 cm，有时可达 2 m。根状茎肥厚，块茎状，椭圆形至近哑铃形，肉质。茎直立，橙黄色、黄色、灰棕色或蓝绿色，无绿叶。总状花序，通常具 30 ～ 50 朵花；花扭转，橙黄、淡黄、蓝绿或黄白色，近直立；萼片和花瓣合生成的花被筒近斜卵状圆筒形，顶端具 5 枚裂片，唇瓣长圆状卵圆形。花果期 5 ～ 7 月。

产地及生境： 产于我国吉林、辽宁、内蒙古、河北、山西、陕西、甘肃、江苏、安徽、浙江、江西、台湾、河南、湖北、湖南、四川、贵州、云南和西藏。生于海拔 400 ～ 3200 m 疏林下、林中空地、林缘、灌丛边缘。尼泊尔、不丹、印度、日本、朝鲜半岛至西伯利亚也有分布。

本属概况： 全属约 20 种，分布于东亚、东南亚至大洋洲。我国有 15 种，其中 9 种为特有。

第二部分 栽培原种属

171

地宝兰属
Geodorum

学名·*Geodorum densiflorum*

形态特征： 假鳞茎块茎状，常为不规则的椭圆状或三角状卵形，有节。叶 2～3 枚，在花期已长成，椭圆形、狭椭圆形或长圆状披针形，长 16～29 cm，宽 2～7 cm，先端渐尖，基部收狭成柄。花葶从植株基部鞘中发出，总状花序俯垂，具 2～5 朵花；花白色；萼片长圆形，侧萼片略斜歪；花瓣近倒卵状长圆形，唇瓣宽卵状长圆形，唇盘上或在中央有不规则的乳突区或有 1～2 条肥厚的纵脊，变化很大。花期 6～7 月。

产地及生境： 产于我国台湾、广东、海南、广西、四川、贵州和云南。生于海拔 1500 m 以下林下、溪旁、草坡。斯里兰卡、印度、缅甸、越南、老挝、柬埔寨、泰国、马来西亚、印度尼西亚、澳大利亚及琉球群岛也有分布。

本属概况： 全属约 10 种，分布于亚洲热带地区至澳大利亚和太平洋岛屿。我国有 6 种，其中 2 种为特有。

多花地宝兰

地宝兰属
Geodorum

学名·*Geodorum recurvum*

形态特征： 假鳞茎块茎状，多个相连，位于地下，有节。叶 2～3 枚，在花期已长成，椭圆状长圆形至椭圆形，长 13～31 cm，宽 5～11 cm，先端渐尖或短渐尖，基部收狭成柄。总状花序俯垂，通常具 10 余朵稍密集的花；花白色，仅唇瓣中央黄色和两侧有紫条纹；萼片狭长圆形，侧萼片常比中萼片宽；花瓣倒卵状长圆形，唇瓣宽长圆状卵形，唇盘上有 2～3 条肉质的、近鸡冠状的纵脊。花期 4～6 月。

产地及生境： 产于我国广东、海南和云南。生于海拔 500～900 m 林下、灌丛中或林缘。越南、柬埔寨、泰国、缅甸、印度也有分布。

爪唇兰

爪唇兰属
Gongora

学名·*Gongora claviodora*

形态特征： 附生兰。假鳞茎具棱。叶顶生，具叶 2～3 枚，卵圆形，绿色。总状花序，下垂，萼片红褐色，侧萼片反转，花瓣细狭，黄褐色，唇瓣分上下唇。花期春至夏。

产地及生境： 产于尼加拉瓜至哥伦比亚。生于海拔 1500 m 以下的林中。

本属概况： 本属 74 种，产于美洲中部及南部、特立尼达，大多数种类产于哥伦比亚，生于海拔 1800 m 以下的潮湿森林中。

毛爪唇兰

爪唇兰属
Gongora

学名·*Gongora grossa*

形态特征：附生兰。假鳞茎具棱。叶顶生，卵圆形，大而薄，绿色。总状花序，下垂，花黄白色，中萼片直立，细狭，侧萼片强烈反转，半卵形，上具紫色斑点，花瓣细狭，反转。唇瓣分上下唇，上唇侧裂片直立，棒状，中裂片不规则，具 2 个直立渐尖的侧裂片。花期春季至夏季。

产地及生境：产于委内瑞拉、哥伦比亚及厄瓜多尔。生于海拔 50 ～ 1300 m 以下的热带雨林中。

形态特征： 附生兰。假鳞茎具棱。叶顶生，卵圆形，大而薄，绿色。总状花序，下垂，花红褐色带有黄色斑纹，中萼片宽披针形，侧萼片较大，半卵形，花瓣狭，近线形，浅褐色，唇瓣黄色，上具红褐色斑点。花期春季至夏季。

产地及生境： 产于哥伦比亚、厄瓜多尔及秘鲁。生于海拔 800～1800 m 的林中。

高斑叶兰

斑叶兰属
Goodyera

学名·*Goodyera procera*
别名·穗花斑叶兰、斑叶兰

形态特征： 植株高 22 ～ 80 cm。根状茎短而粗，具节，具 6 ～ 8 枚叶。叶片长圆形或狭椭圆形，长 7 ～ 15 cm，宽 2 ～ 5.5 cm，上面绿色，背面淡绿色，先端渐尖，基部渐狭，具柄。总状花序具多数密生的小花，似穗状；花小，白色带淡绿，芳香，不偏向一侧；中萼片卵形或椭圆形，凹陷；侧萼片偏斜的卵形，花瓣匙形，白色，唇瓣宽卵形，唇盘上具 2 枚胼胝体。花期 4 ～ 5 月。

产地及生境： 产于我国安徽、浙江、福建、台湾、广东、香港、海南、广西、四川、贵州、云南和西藏。生于海拔 250 ～ 1550 m 的林下。尼泊尔、印度、斯里兰卡、缅甸、越南、老挝、泰国、柬埔寨、印度尼西亚、菲律宾和日本也有分布。

本属概况： 本属约 40 种，主要分布于北温带，向南可达墨西哥、东南亚、澳大利亚和大洋洲的一些岛屿，非洲的马达加斯加也有。我国产 29 种，其中 12 种为特有。

斑被兰属
Grammatophyllum

学名·*Grammatophyllum scriptum*
别名·多花巨兰

形态特征：假鳞茎粗大，长卵圆形，具节，顶生数枚叶。叶长椭圆形，先端尖。花序顶生，总状花序，花黄绿色。萼片与花瓣近相似，长椭圆形，上具褐色斑块，唇瓣小，三裂，侧裂片直立，中裂片卵圆形。花期春季。

产地及生境：产于东南亚。生于海拔 100 m 左右的低地势的海岸地区。

本属概况：本属约 13 种，产于中南半岛、印度尼西亚、菲律宾、新几内亚及西南太平洋岛屿。生于雨林中。

斑被兰属
Grammatophyllum

学名·*Grammatophyllum speciosum*
别名·斑被兰、甘蔗斑被兰

形态特征: 附生植物,丛生。假鳞茎粗大,圆筒状,状似甘蔗,高可达 2.5 m。叶在茎上对生,套叠生长,带形,先端尖。总状花序可高达 3 m,着花 300 朵以上。萼片及花瓣近相似,长椭圆形,黄色,上密布紫褐色斑点,唇瓣小,三裂,侧裂片直立,中裂片卵形。花期春季至夏季。

产地及生境: 产于新几内亚、印度尼西亚及马来西亚。附生于大树或岩石上。

斑被兰属
Grammatophyllum

学名·*Grammatophyllum martae*

形态特征: 附生,茎直立,丛生。假鳞茎高可达 22 cm,宽 10 cm。叶大,长椭圆形,叶长 60 cm,宽 10 cm。总状花序外弯,高达 1.5 m,着花 80 朵以上。花径 4.5 cm。萼片及花瓣紫褐色,带黄绿色边缘或有黄绿色纵纹。花期春季至夏季。

产地及生境: 产于菲律宾。生于海拔 300 m 的格罗斯岛上。

火炬兰属 Grosourdya

学名·*Grosourdya appendiculatum*
别名·长脚兰

形态特征： 茎不明显。叶数枚，二列，近肉质，镰刀状长圆形。总状花序很短，疏生 2 ～ 3 朵小花；花黄色带褐色斑点；中萼片卵状长圆形，侧萼片相似于中萼片，花瓣长圆形，长 3 mm，唇瓣具囊状的距，三裂；侧裂片直立，先端圆形而向后弯曲；中裂片三裂。花期 8 月。

产地及生境： 产于我国海南。生于山地常绿阔叶林中树干上。分布从菲律宾经越南、印度、泰国、缅甸、马来西亚至印度尼西亚。

本属概况： 本属约 10 种，分布于东南亚，向北到达越南和我国。我国仅见 1 种。

新兰属 Guarianthe

学名·*Guarianthe aurantiaca*
别名·橙黄瓜立安斯兰

形态特征： 具假鳞茎，棍棒形。双叶，长椭圆形，革质。花葶着生于茎顶，总状花序，着花 5 ～ 15 朵。花萼及花瓣红色，唇瓣基部浅黄色并带红斑。花期春季。

产地及生境： 产于墨西哥至洪都拉斯。生于 1600 m 以下的山地雨林中。

本属概况： 本属 5 种，产于墨西哥、美洲中部、哥伦比亚、委内瑞拉及特立尼达等地，生于潮湿的森林中。

新兰属
Guarianthe　　学名·*Guarianthe × guatemalensis*

形态特征： 假鳞茎棍棒形。双叶，叶绿色，革质，长椭圆形。花葶着生于茎顶，着花数朵，花萼花瓣粉红色，狭长，唇瓣中下部黄色带紫色脉纹。花期春季。

产地及生境： 本种为天然杂交种，产于危地马拉。

新兰属
Guarianthe　　学名·*Guarianthe skinneri*

形态特征： 假鳞茎棍棒状。双叶，长椭圆形。花瓣紫红色，唇瓣中部黄白色，基部红褐色。不同个体花色差异较大。花期春季。

产地及生境： 产于墨西哥、危地马拉、萨尔瓦多、洪都拉斯、尼加拉瓜及哥斯达黎加等地。常生于海拔 1250 m 左右的近海的湿润林中树干或山石上，是哥斯达黎加的国花。栽培的品种有'浅蓝'史金纳利兰 *Guarianthe skinneri* Coerulescens 'Orchidglade'。

◆ '浅蓝'史金纳利兰

玉凤花属
Habenaria

学名・*Habenaria ciliolaris*
别名・丝裂玉凤花、玉蜂兰、玉凤兰

形态特征： 植株高 25～60 cm。块茎肉质，长椭圆形或长圆形。茎粗，直立，圆柱形，近中部具 5～6 枚叶。叶片椭圆状披针形、倒卵状匙形或长椭圆形，长 5～16 cm，宽 2～5 cm，先端渐尖或急尖，基部收狭抱茎。总状花序具 6～15 朵花，花白色或绿白色，罕带粉色；中萼片宽卵形，侧萼片反折，花瓣直立，唇瓣较萼片长，基部 3 深裂，距圆筒状棒形。花期 7～9 月。

产地及生境： 产于我国甘肃、浙江、江西、福建、台湾、湖北、湖南、广东、香港、海南、广西、四川和贵州。生于海拔 140～1800 m 的山坡或沟边林下阴处。越南也有分布。

本属概况： 本属约 600 种，分布于全球热带、亚热带至温带地区。我国有 54 种，其中 19 种为特有。

玉凤花属
Habenaria

学名·*Habenaria medusa*

形态特征：株高 10 ～ 25 cm。块茎肉质。茎直立，圆柱形。叶片长椭圆形，下部叶大，上部叶渐小，先端尖，全缘，基部抱茎。总状花序着花十余朵，花白色，中萼片与花瓣靠合成兜状，侧萼片小，伸展。唇瓣前端呈丝状，基部红褐色。花期夏季。

产地及生境：产于老挝、柬埔寨、越南、婆罗洲、苏拉威及苏门答腊等地。生于海拔600 m 左右的林下。

槽舌兰属
Holcoglossum　　学名·*Holcoglossum amesianum*

形态特征: 茎直立或斜立。叶 4 ～ 7 枚,近基生,斜立并向外弯,肉质,狭长,两侧常对折,长 9 ～ 30 cm,宽 5 ～ 10 mm,先端锐尖。花序直立或斜立,总状花序具数朵花;花质地薄,开展,淡粉红色;中萼片椭圆形,侧萼片斜卵状椭圆形,花瓣倒卵形,唇瓣淡紫红色,三裂;距狭圆锥形。花期 3 月。

产地及生境: 产于我国云南。生于海拔 1250 ～ 2000 m 的山地常绿阔叶林中树干上。分布于缅甸、泰国、老挝和越南。

本属概况: 本属 12 种,主产于我国,延伸至越南、泰国、缅甸和印度。我国有 12 种,其中 7 种为特有。

槽舌兰属
Holcoglossum　　学名·*Holcoglossum flavescens*

形态特征: 茎很短,具数枚密生的叶。叶肉质或厚革质,二列,斜立而外弯,半圆柱形或多少 "V" 字形对折,长 4 ～ 8.5 cm,粗 2.5 ～ 4 mm,先端锐尖,基部扩大成鞘。花序短于叶,近直立;总状花序常具 1 ～ 3 朵花;花开放,萼片和花瓣白色;中裂片椭圆形,侧萼片斜长圆形,与中萼片等大;花瓣椭圆形,唇瓣白色,三裂;侧裂片直立,半卵形或卵状三角形,内面具红色条纹;中裂片宽卵状菱形;距角状,向前弯。花期 5 ～ 6 月,果期 8 ～ 9 月。

产地及生境: 产于我国福建、湖北、四川和云南。生于海拔 1200 ～ 2000 m 的常绿阔叶林中树干上。

管叶槽舌兰

槽舌兰属
Holcoglossum

学名·*Holcoglossum kimballianum*

形态特征： 茎很短，具数枚密生的叶。叶肉质或厚革质，二列，斜立而外弯，半圆柱形或多少"V"字形对折，长4～8.5 cm，粗2.5～4 mm，先端锐尖，基部扩大成鞘。花序短于叶，近直立；总状花序常具1～3朵花，花开放，萼片和花瓣白色；中裂片椭圆形，侧萼片斜长圆形，花瓣椭圆形，唇瓣白色，三裂；侧裂片直立，半卵形或卵状三角形，中裂片宽卵状菱形，距角状，向前弯。蒴果椭圆形。花期5～6月，果期8～9月。

产地及生境： 产于我国福建、湖北、四川和云南。生于海拔1200～2700 m的常绿阔叶林中树干上。

槽舌兰属
Holcoglossum

槽舌兰

学名·*Holcoglossum quasipinifolium*
别名·松叶兰、撬唇兰

形态特征：茎长达 5 cm。叶多数，圆柱形。总状花序腋生，通常具 1 ~ 3 朵花；花开展；萼片和花瓣白色带粉红色，中裂片倒卵状长圆形，侧萼片斜长圆形或镰刀状长圆形，花瓣稍斜椭圆形，唇瓣三裂；侧裂片黄褐色，中裂片白色，倒卵状菱形，距狭长。花期 2 ~ 9 月。

产地及生境：产于我国台湾地区。生于海拔 1800 ~ 2800 m 的混交林中树干上。

槽舌兰属
Holcoglossum

学名·*Holcoglossum rupestre*

滇西槽舌兰

形态特征：茎很短。叶十余枚，肉质，圆柱状，长 12 ~ 28 cm，粗 2 ~ 2.5 mm，先端渐尖。花序斜出，具 6 ~ 10 朵花；萼片和花瓣白色，中萼片近椭圆形，侧裂片稍斜长圆形，花瓣近卵状椭圆形，唇瓣红色，三裂；侧裂片直立，近倒卵形，中裂片卵形，距狭长。花期 6 月。

产地及生境：产于我国云南。生于海拔 2000 ~ 2400 m 混交林的栎树上。

槽舌兰属
Holcoglossum

学名·*Holcoglossum sinicum*

形态特征： 植株悬垂。叶多数，半圆柱形，肉质，长达 23 cm，粗约 2 mm，先端锐尖。花序很短，不超过茎长，总状花序具 1 ～ 3 朵花；花开放，白色；中萼片椭圆形，侧萼片与中萼片相似，花瓣相似于中萼片，唇瓣贴生于蕊柱足，无关节，三裂；侧裂片直立，卵状三角形，中裂片近菱形。蒴果圆柱形。花期 5 月，果期 6 ～ 8 月。

产地及生境： 产于我国云南。生于海拔 2600 ～ 3200 m 的山地林中树干上。

槽舌兰属
Holcoglossum

学名·*Holcoglossum wangii*
别名·筒距槽舌兰

形态特征： 茎短，长约 2 cm。叶数个，近基生，叶片近圆柱形，长 30 ～ 60 cm，宽 4 mm，肉质。花序长约 5 cm，3 ～ 5 朵花。花白色，唇瓣基部黄色。萼片长圆形，侧萼片椭圆形，花瓣椭圆形，唇瓣三裂，侧裂片直立，叶裂片椭圆形。花期 10 ～ 12 月。

产地及生境： 产于我国云南。生于海拔 800 ～ 1200 m 的常绿阔叶林中树干上。越南也有分布。

湿唇兰属
湿唇兰
Hygrochilus

学名·*Hygrochilus parishii*
异名·*Vanda parishii*

形态特征：茎粗壮，上部具 3～5 枚叶。叶长圆形或倒卵状长圆形，长 17～29 cm，宽 3.5～5.5 cm，先端不等侧 2 圆裂，基部通常楔形收狭。花序 1～6 个，疏生 5～8 朵花；花大，稍肉质，萼片和花瓣黄色带暗紫色斑点；萼片近相似，近宽倒卵形，花瓣宽卵形，唇瓣肉质，侧裂片小，白色，近圆形；中裂片较大，楔状扇形；距囊状。花期 6～7 月。

产地及生境：产于我国云南。生于海拔 800～1100 m 的山地疏林中大树干上。分布于印度、缅甸、泰国、老挝、越南。

本属概况：本属 1 种，产于我国，印度、缅甸、泰国、越南、老挝也有分布。

瘦房兰属
Ischnogyne

瘦房兰

学名·*Ischnogyne mandarinorum*
异名·*Coelogyne mandarinorum*

形态特征：假鳞茎近圆柱形，上部稍变细。叶近直立，狭椭圆形，薄革质，长 4～7 cm，宽 1.2～1.5 cm，先端钝或急尖。花葶（连花）长 5～7 cm，顶端具 1 朵花；花白色，较大；萼片线状披针形，花瓣与萼片相似，但稍短，唇瓣向基部渐狭，顶端三裂而略似肩状；侧裂片小；中裂片近方形，唇瓣基部的距长约 3 mm。蒴果椭圆形。花期 5～6 月，果期 7～8 月。

产地及生境：产于我国陕西、甘肃、湖北、四川和贵州。生于海拔 700～1500 m 林下或沟谷旁的岩石上。

本属概况：本属仅 1 种，产于我国亚热带地区。

朱美兰属
Jumellea

天使兰

学名·*Jumellea confusa*
别名·朱美兰

形态特征：附生，株高 15～30 cm。茎圆柱形。叶二列，互生于茎上，叶长椭圆形，先端尖，基部抱茎。花单生于茎顶，花白色，萼片与花瓣近等长，宽披针形，唇瓣长卵圆形。距极长，长达 20～30 cm。花期夏季。

产地及生境：产于马达加斯加。

本属概况：本属 64 种，产于马达加斯加、科摩罗及东非。

双色筒叶兰

筒叶兰属
Leptotes | 学名·*Leptotes bicolor*

形态特征： 附生。叶圆筒状，中间有凹槽。花梗从茎基部发出，花直径 3～5 mm，萼片及花瓣近相似，宽披针形，先端尖，上具纵向脉纹，初开淡绿色，后变为白色，唇瓣舌状，先端尖，紫红色。花期冬末、春初。

产地及生境： 产于海拔 500～900 m 巴西及巴拉圭的山地森林中。

本属概况： 本属 9 种，产于美洲，我国不产。

羊耳蒜属
Liparis

学名·*Liparis viridiflora*

形态特征： 附生草本。假鳞茎稍密集，通常为圆柱形，顶端具二叶。叶线状倒披针形或线状匙形，纸质，长 8～25 cm，宽 1.2～3 cm，先端渐尖并有细尖，基部收狭成柄。花葶长 14～30 cm，外弯；总状花序具数十朵小花；花绿白色或淡绿黄色，较密集；中萼片近椭圆状长圆形，侧萼片卵状椭圆形，花瓣狭线形，唇瓣近卵状长圆形。蒴果倒卵状椭圆形。花期 9～12 月，果期次年 1～4 月。

产地及生境： 产于我国台湾、广东、海南、广西、四川、云南和西藏。生于海拔 200～2300 m 的林中或山谷阴处的树上或岩石上。尼泊尔、不丹、印度、缅甸、孟加拉国、越南、老挝、柬埔寨、泰国、马来西亚、印度尼西亚、菲律宾和太平洋岛屿也有分布。

本属概况： 全属约有 320 种，广泛分布于全球热带与亚热带地区，少数种类也见于北温带。我国有 63 种，其中 20 种为特有。

血叶兰属
Ludisia

学名·*Ludisia discolor*
别名·异色血叶兰

形态特征： 植株高 10 ～ 25 cm。茎直立，在近基部具 2 ～ 4 枚叶。叶片卵形或卵状长圆形，鲜时较厚，肉质，长 3 ～ 7 cm，宽 1.7 ～ 3 cm，先端急尖或短尖，上面黑绿色，具 5 条金红色有光泽的脉，背面淡红色，具柄。总状花序顶生，具几朵至十余朵花，花白色或带淡红色，中萼片卵状椭圆形，侧萼片偏斜的卵形或近椭圆形，唇瓣基部具囊，上部通常扭转，唇瓣基部的囊 2 浅裂。花期 2 ～ 4 月。

产地及生境： 产于我国广东、香港、海南、广西和云南。生于海拔 900 ～ 1300 m 的山坡或沟谷常绿阔叶林下阴湿处。缅甸、越南、泰国、菲律宾、马来西亚、印度尼西亚和大洋洲的纳吐纳群岛也有分布。

本属概况： 本属 1 种，我国有产，柬埔寨、印度尼西亚、老挝、马来西亚、缅甸、菲律宾、泰国和越南也产。

钗子股属
Luisia | 学名·*Luisia morsei*

形态特征： 茎直立或斜立，坚硬，圆柱形，具多节和多数互生的叶。叶肉质，斜立或稍弧形上举，圆柱形，长 9～13 cm，粗约 3 mm，先端钝。总状花序与叶对生，通常具 4～6 朵花；花小，开展，萼片和花瓣黄绿色，萼片在背面着染紫褐色；中萼片椭圆形，稍凹，侧萼片斜卵形，稍对折并且围抱唇瓣前唇两侧边缘而向前伸，花瓣近卵形，唇瓣前后唇的界线明显，前唇紫褐色或黄绿色带紫褐色斑点。花期 4～5 月。

产地及生境： 产于我国海南、广西、云南和贵州。生于海拔 330～700 m 的山地林中树干上。分布于老挝、越南和泰国。

本属概况： 本属约 50 种，分布于热带亚洲至大洋洲。我国有 11 种，其中 5 种为特有。

叉唇钗子股

钗子股属 | 学名·*Luisia teres*
Luisia | 别名·牡丹金钗兰、金钗兰

形态特征：茎直立，圆柱形。叶斜立，肉质，圆柱形，长 7 ～ 13 cm，粗 2 ～ 2.5 mm，先端钝。总状花序具 1 ～ 7 朵花；花开展，萼片和花瓣淡黄色或浅白色，在背面和先端带紫晕；中萼片向前倾，卵状长圆形，侧萼片与唇瓣的前唇平行而向前伸，花瓣向前倾，稍镰刀状椭圆形，唇瓣厚肉质，浅白色而上面密布污紫色的斑块，前后唇之间无明显的界线；后唇稍凹，基部具斜立的耳；前唇较大，近卵形，伸展。花期通常 3 ～ 5 月。

产地及生境：产于我国台湾、广西、四川、贵州和云南。生于海拔 1200 ～ 1600 m 的山地林中树干上。日本、朝鲜半岛也有分布。

薄叶兰属
Lycaste | 学名·*Lycaste aromatica*

形态特征：附生。假鳞茎卵球形。株高 20 ～ 25 cm。叶草质，质软，卵圆形，先端尖。花黄色，萼片黄绿色，长椭圆形，先端尖，花瓣远较萼片小，金黄色，唇瓣三裂，侧裂片直立，中裂片卵形。花期晚春至夏季。

产地及生境：产于墨西哥、洪都拉斯、危地马拉、尼加拉瓜及萨尔瓦多等地。生于海拔 500 ～ 2000 m 的半落叶林中。

本属概况：本属 45 种，产于墨西哥及美洲南部。

薄叶兰属
Lycaste | 学名·*Lycaste macrophylla*

形态特征：附生。假鳞茎卵球形，具棱。株高 30 ～ 50 cm。叶草质，质软，长卵圆形，萼片淡褐色，长椭圆形，花瓣远较萼片小，白色，唇瓣三裂，侧裂片直立，中裂片卵形。花期不定。

产地及生境：产于哥斯达黎加、尼加拉瓜、巴拿马、哥伦比亚、厄瓜多尔、委内瑞拉、秘鲁及玻利维亚。

薄叶兰属
Lycaste

薄叶兰

| 学名·*Lycaste hybrida*
| 别名·捧心兰

形态特征： 假鳞茎肥厚，较短小，顶端生数枚叶。叶大而薄，具折扇状脉。花序出自假鳞茎基部，多为单花，花大，具香气。花期春季。

产地及生境： 园艺种。栽培的品种有'长江红'薄叶兰 *Lycaste* Chita Impulse 'Chang Jiang Red'、'赤塔'薄叶兰 *Lycaste* Chita Impulse、'专注'薄叶兰 *Lycaste* Concentration、'湘南之光'薄叶兰 *Lycaste* Shonan Bright、'湘南旋律'薄叶兰 Lycaste Shonan Melody、'新蕾'薄叶兰 *Lycaste* Sunray。

◇ '赤塔'薄叶兰

◇ '专注'薄叶兰

◇ '长江红'薄叶兰

◇ '湘南旋律'薄叶兰

◇ '湘南之光'薄叶兰

◇ '新蕾'薄叶兰

原沼兰属
Malaxis

学名·*Malaxis monophyllos*
别名·原沼兰

形态特征: 地生草本。假鳞茎卵形,较小。叶通常 1 枚,较少 2 枚,斜立,卵形、长圆形或近椭圆形,长 2.5～12 cm,宽 1～6.5 cm,先端钝或近急尖,基部收狭成柄。花葶直立,总状花序具数十朵或更多的花;花小,较密集,淡黄绿色至淡绿色;中萼片披针形或狭卵状披针形,侧萼片线状披针形,花瓣近丝状或极狭的披针形,唇盘近圆形、宽卵形或扁圆形,中央略凹陷。花果期 7～8 月。

产地及生境: 产于我国黑龙江、吉林、辽宁、内蒙古、河北、山西、陕西、甘肃、台湾、河南、四川、云南和西藏。生于海拔为 800～4100 m 的林下、灌丛中或草坡上。日本、朝鲜半岛、俄罗斯及欧洲和北美也有分布。

本属概况: 全属约有 300 种,广泛分布于全球热带与亚热带地区,少数种类也见于北温带。我国有 1 种。

尾萼兰属
Masdevallia

学名·*Masdevallia coccinea* var. *alba* 'Snow Bird'

形态特征： 附生兰。茎短，圆柱形。叶顶生，长椭圆形，先端钝。花白色，中萼片细狭，披针形，白色，侧萼片卵圆形，白色，先端具尾尖，黄色，花瓣及唇瓣小。花期春季。

产地及生境： 产于哥伦比亚及秘鲁。栽培的品种有'粉红矮'绯红尾萼兰 *Masdevallia coccinea* Nana 'Dwarf Pink'。

本属概况： 本属约 600 种，产于巴西、厄瓜多尔、哥伦比亚、秘鲁及玻利维亚，生于海拔 2500 ～ 4000 m 潮湿的树木上或岩石上。

◇ '粉红矮'绯红尾萼兰

尾萼兰属
Masdevallia

火红尾萼兰

尾萼兰属
Masdevallia

学名·*Masdevallia ignea*
别名·火红三尖兰

形态特征： 茎短，顶生一片肉质叶。叶绿色，长椭圆形。着花1朵，萼片红色，中萼片狭，前伸，侧萼片大，长卵形，先端带短尾尖，花瓣及唇瓣隐于花萼内。花期春季至夏季。

产地及生境： 产于哥伦比亚。生于海拔3350～3650 m的岩壁上。

蛞蝓尾萼兰

尾萼兰属
Masdevallia

学名·*Masdevallia limax*

形态特征： 茎短。叶片具柄，卵圆形，绿色。中萼片及侧萼片合成筒状，红色，下部膨大，具尾尖，花瓣及唇瓣隐于萼片内。花期冬季至次年春季。

产地及生境： 产于厄瓜多尔。生于海拔1400～2400 m的安第斯山脉的森林中。

尾萼兰属
Masdevallia

学名·*Masdevallia mendozae*

形态特征: 茎短。叶片具柄,卵圆形,绿色。中萼片及侧萼片合成筒状,前后近等大,橙红色,具尾尖,花瓣及唇瓣隐于萼片内。花期不定。

产地及生境: 产于厄瓜多尔。生于海拔

1800～2300 m 的长满苔藓的树干上,偶有生于布满落叶的地上。

尾萼兰属
Masdevallia

学名·*Masdevallia rosea*
别名·玫瑰三尖兰

形态特征: 茎短。叶顶生,叶片具长柄,叶长卵圆形,先端渐尖,基部渐狭成柄。花茎与叶近等长,花单生,中萼片狭长,具尾尖,侧萼片长卵圆形,具尾尖,粉红色,花瓣及唇瓣隐于萼片内。花期春季至夏季。

产地及生境: 产于美洲。

尾萼兰属
Masdevallia

学名·*Masdevallia* Angel Heart

形态特征： 假鳞茎不明显，叶顶生，一枚。花序发自茎的基部，单花，红色，中萼片细，近线状，侧萼片卵圆形，具尾尖，花瓣与唇瓣隐于花萼内。花期春季。

产地及生境： 栽培种。栽培的品种有'唐氏'尾萼兰 *Masdevallia* Don Cuni、'玛丽斯塔尔'尾萼兰 *Masdevallia* Mary Staal。

「天使之心」尾萼兰

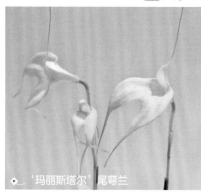

◆ '玛丽斯塔尔'尾萼兰

◆ '唐氏'尾萼兰

◆ '唐氏'尾萼兰

颚唇兰属
Maxillaria

学名·*Maxillaria densa*
别名·密花腋唇兰

形态特征： 附生兰。假鳞茎短粗，近卵圆形，顶生一枚叶。叶绿色，长椭圆形，革质，基部对折。花茎由假鳞茎基部发出，多花，花瓣及萼片淡粉色，披针形，唇瓣带紫色，舌状。花期冬季。

产地及生境： 产于墨西哥、萨尔瓦多、哥伦比亚、危地马拉、洪都拉斯及尼加拉瓜等地。生于海拔 2500 m 的林中。

本属概况： 本属约 320 种，产于拉丁美洲、墨西哥、玻利维亚及西印度群岛，生于海拔 3500 m 以下的热带雨林中。

颚唇兰属
Maxillaria

学名·*Maxillaria molitor*
别名·莫利托腋唇兰

形态特征： 附生。假鳞茎卵圆形，顶生一枚叶。叶长椭圆形，先端尖，基部对折。花序由假鳞茎基部抽生而出，单花。萼片近等大，卵圆形，黄色，花瓣较萼片小，淡黄色，唇瓣不明显三裂，侧裂片直立，中裂片舌状，花径约 6 ～ 8 cm。花期春季至秋季。

产地及生境： 产于厄瓜多尔。生于海拔 1900 ～ 3200 m 的山地森林中。

颚唇兰属
Maxillaria

学名·*Maxillaria picta*
别名·多彩腋唇兰

形态特征： 附生兰。假鳞茎短小。叶着生于茎顶，宽线形。花由假鳞茎基部发出，单花，花瓣及萼片黄色，背面近白色，带褐色斑，唇瓣淡黄白色，具褐色斑点。花期冬季至次年春季。

产地及生境： 产于巴西及阿根廷。生于海拔 600 m 以上的沿海山区的湿润森林中或岩石上。

颚唇兰属
Maxillaria

学名·*Maxillaria porphyrostele*
别名·紫柱腋唇兰

形态特征： 附生兰。假鳞茎短，卵圆形。叶着生于茎顶，2 枚，绿色，长椭圆形。花梗从茎基部抽生，单花。萼片及花瓣淡黄色，背面浅黄色。唇瓣三裂，浅黄色，侧裂片带紫斑点，蕊柱紫色，花径约 4 cm。花期秋季至冬季。

产地及生境： 产于巴西。生于森林中。

颚唇兰属
Maxillaria

学名·*Maxillaria tenuifolia*
别名·腋唇兰

形态特征： 附生兰。根状茎直立或斜升，上生有假鳞茎，假鳞茎卵圆形，上着生一枚叶片。叶条形，绿色。花梗自鳞茎基部抽出，着花一朵，花瓣及萼片紫红色，唇瓣近白色带紫色斑点。花期春季。

产地及生境： 产于墨西哥、危地马拉、萨尔瓦多、洪都拉斯及哥斯达黎加。生于海拔1500 m以下的树林中。

石榴兰属
Mediocalcar

学名·*Mediocalcar decoratum*

形态特征： 附生兰。茎匍匐，具节，圆柱形，每节着生3～4枚叶。叶小，披针形，先端钝。花小，上着生数个假鳞茎，卵圆形。萼片下部联合，膨大，萼片近相似，上部黄色，下部橙红色，花瓣狭，黄色，唇瓣舌状。花直径6 mm。花期春季至秋季。

产地及生境： 产于新几内亚。生于海拔2500 m的森林中。

本属概况： 本属约21种，产于新几内亚、印度尼西亚及西太平洋岛屿。

菫花兰属
Miltonia

学名·*Miltonia regnellii*

形态特征： 附生兰。假鳞茎长椭圆形。叶套叠生长，叶长椭圆形，先端尖，基部抱茎。花茎高出叶面，上面着花4～5朵，花直径6 cm左右。萼片及花瓣白色，唇瓣淡粉至紫色。自然花期1～5月。

产地及生境： 产于巴西东南部及南部。生于海拔800～1400 m之间的高山地区的森林中。

本属概况： 本属约19种，产于巴西至阿根廷。

菫花兰属
Miltonia

学名·*Miltonia hybrid*
别名·菫花兰、密尔顿兰

形态特征： 具有葡匐的根状茎，假球茎扁卵形至长椭圆形。叶片纸质，宽带形，先端尖，全缘，绿色。总状花序腋生，着花数朵至十数朵，花大，萼片与花瓣近等大，色泽依品种不同而有差异，唇瓣大。花期春季。

产地及生境： 园艺种。

竹枝毛兰

拟毛兰属
Mycaranthes

学名·*Mycaranthes floribunda* /异名·*Eria paniculata*
别名·拟毛兰

形态特征： 植物体高 20 ～ 60 cm。茎仅基部稍膨大，圆柱形，具多数节。叶厚革质，狭披针形，长 10 ～ 20 cm，宽 3 ～ 6 mm，先端渐尖，基部稍收窄。花序 1 ～ 2 个，密被灰白色绵毛，密生多花；花淡黄绿色；萼片背面均密被灰白色绵毛；中萼片卵状椭圆形，侧萼片近斜三角形，先端钝；花瓣无毛，长圆形，唇瓣轮廓近扇形，侧裂片近卵状三角形，中裂片近梯形，唇瓣上面自基部至近先端处具一条白色、哑铃形的突起。花期 4 ～ 6 月。

产地及生境： 产于我国云南。生于海拔 800 m 左右的林中树上。尼泊尔、不丹、印度、缅甸、泰国、老挝、柬埔寨和越南也有分布。

本属概况： 本属约 25 种，我国有 2 种，其他产国还有不丹、柬埔寨、印度、印度尼西亚、老挝、马来西亚、缅甸、尼泊尔、菲律宾、新几内亚、新加坡、泰国和越南。

香蕉兰

蚁兰属
Myrmecophila

学名·*Myrmecophila thomsoniana* / 异名·*Schomburgkia thomsoniana*
别名·香蕉蚁兰

形态特征： 附生兰，株高 20 ～ 30 cm。假鳞茎圆柱形，具节，顶生二枚叶。叶椭圆形，革质。花序直立，萼片及花瓣近相似，带形，边缘深波状，淡黄褐色至黄褐色，唇瓣三裂，侧裂片大，直立环抱蕊柱，中裂片小、紫色，花径 6 cm。花期夏季。

产地及生境： 产于中南美洲。

本属概况： 本属 2 种，产于委内瑞拉、苏里南、巴西、哥伦比亚及厄瓜多尔。

风兰

风兰属
Neofinetia

学名·*Neofinetia falcata*

形态特征： 植株高 8 ～ 10 cm。茎稍扁。叶厚革质，狭长圆状镰刀形，长 5 ～ 12 cm，宽 7 ～ 10 mm，先端近锐尖，基部具彼此套叠的 "V" 字形鞘。总状花序具 2 ～ 5 朵花；花白色，芳香；中萼片近倒卵形，侧萼片向前叉开，花瓣倒披针形或近匙形，唇瓣肉质，三裂；侧裂片长圆形，中裂片舌形；距纤细，弧形弯曲。花期 4 月。

产地及生境： 产于我国甘肃、浙江、江西、福建、湖北和四川。生于海拔达 1500 ～ 1600 m 的山地林中树干上。分布于日本、朝鲜半岛南部。

本属概况： 本属约 3 种，产于我国、日本和朝鲜半岛。我国有 3 种，其中 2 种为特有。

齿舌兰属
Odontoglossum

学名·*Odontoglossum* Samurai

形态特征： 附生。假鳞茎卵圆形，顶生一枚叶。叶长椭圆形，先端尖，基部对折。花紫褐色，萼片及花瓣近相似，唇瓣较大，先端白色，基部紫褐色。花期春季。

产地及生境： 园艺种。

本属概况： 本属3种，产于美洲的圭亚那及安第斯山脉。

拟鸟花兰属
Oeoniella

学名·*Oeoniella polystachys*
别名·喇叭唇拟鸟花兰

形态特征： 附生兰。茎圆柱形。叶互生于茎上，长椭圆形，先端尖，基部抱茎。花序从茎节间抽生而出，着花十余朵或更多。花瓣及萼片黄绿色，花瓣较萼片窄，近披针形，唇瓣大，喇叭状，先端具尾尖，白色。花期秋季至冬季。

产地及生境： 产于非洲的马达加斯加、科摩罗及塞舌尔群岛等地。

本属概况： 本属2种，产于印度洋群岛。

金黄文心兰

文心兰属
Oncidium

学名·*Oncidium chrysomorphum*

形态特征： 附生植物。假鳞茎卵球形，压扁。叶长椭圆形，先端尖，基部对折。总状花序直立或外弯，着花数十朵，花金黄色，萼片与花瓣近等大，长卵形，唇瓣平直，前端二叉状分裂，花直径 2 cm，蕊柱褐红色。花期春季。

产地及生境： 产于哥伦比亚及委内瑞拉。

本属概况： 全属约有 343 种，分布于中南美洲的热带和亚热带地区。

满天星文心兰

文心兰属
Oncidium

学名·*Oncidium obryzatum*

形态特征： 假鳞茎卵形或椭圆形，上具褐色斑纹。叶阔披针形，绿色。总状花序，具分枝，花小，着花数百朵。花瓣及萼片较小，黄色带褐色横纹，唇瓣黄色，具褐色斑块。花期春季至夏季。

产地及生境： 产于哥斯达黎加、巴拿马、哥伦比亚、委内瑞拉、厄瓜多尔及秘鲁。生于海拔 400～1600 m 的林中树冠上部。

文心兰

文心兰属
Oncidium

学名·*Oncidium sphacelatum*

形态特征: 附生兰。假鳞茎卵形或椭圆形。叶阔披针形,绿色。总状花序,具分枝,花中等大,着花数十朵。花瓣及萼片黄色,基部褐色,唇瓣前端黄色,基部褐色。花期春季。

产地及生境: 产于墨西哥至南美洲。生于海拔 1000 m 以下的森林中。

华彩文心兰

文心兰属
Oncidium

学名·*Oncidium splendidum*

形态特征: 附生兰。具假鳞茎。叶长椭圆形,革质,上面绿色,背面紫褐色。总状花序,从叶鞘间伸出,萼片及花瓣近等大,黄色带黄褐色斑块,唇瓣扇形,黄色。花期春季至夏季。

产地及生境: 产于危地马拉、洪都拉斯及尼加拉瓜。生于海拔 825～850 m 的林中。

学名·*Oncidium* Gower Ramsey 'Gold2'

「黄金2号」文心兰

形态特征： 附生。假鳞茎较肥大。叶数枚，长披针形。总状花序，具分枝，从假鳞茎基部发出。萼片及花瓣较小，近等大，黄色，上具褐色斑纹。唇瓣大，黄色，基部红褐色。主花期春季及秋季。

产地及生境： 园艺种，多作切花。

文心兰属
Oncidium

学名·*Oncidium* Magic

「魔幻」文心兰

形态特征： 附生草本。假鳞茎不明显，着生数枚叶。叶椭圆形，革质，新生叶对折。总状花序高出叶面，着花十余朵或更多。萼片近等大，紫褐色，花瓣卵圆形，白色，基部紫褐色，唇瓣的前唇白边，边缘带粉紫色，并具褐色斑点。花期春季。

产地及生境： 园艺种，栽培的品种有'魅力'文心兰 *Oncidium* Tolumnia Sexy。

◆ '魅力'文心兰

黄花眉兰

眉兰属
Ophrys

学名 · *Ophrys lutea*

形态特征: 地生小草本,株高 25 cm。具块茎。叶莲座状,近卵形,全缘。花葶直立,顶部着数花,中萼片内弯,紧贴蕊柱,侧萼片较大,近三角形,淡黄绿色。花瓣较萼片小、舌状,唇瓣金黄色,中间紫褐色。花期春季。

产地及生境: 产于欧洲南部、非洲北部及中东地区。

本属概况: 本属约 210 种,广泛分布于欧洲大部分地区、北非、加那利群岛、中东及远东的土库曼斯坦。

角蜂眉兰

眉兰属
Ophrys

学名 · *Ophrys speculum*

形态特征: 地生草本,株高可达 30 cm。具块茎,卵圆形。叶莲座状,基部生卵圆形,先端尖,茎生叶小。花葶着花 2 ~ 15 朵,花径 3 cm。中萼片内弯,贴合蕊柱,侧萼片半月形,淡绿色上具紫褐色纵纹,花瓣小,三角状,紫褐色,唇瓣三裂,侧裂片平展,中裂片卵圆形,中部蓝褐色,边缘具棕褐色流苏状毛。花期春季。

产地及生境: 产于欧洲南部及西部、土耳其、黎巴嫩及北非有分布。生于海拔 1200 m 以下的草原或松林下。

红门兰属
Orchis

学名·*Orchis italica*
别名·裸人兰

形态特征： 地生兰，株高 20 ～ 50 cm。叶莲座形，基生，叶较短，长椭圆形，边缘波状，上布有紫褐色斑点。花葶直立，总状花序，数十朵小花集生于茎顶，花粉红色，花瓣及萼片不甚开展，抱合蕊柱，唇瓣淡粉色，状似人的手足。花期春季至夏季。

产地及生境： 产于海拔 1300 m 的地中海地区。

本属概况： 本属约 20 种，主要产于欧洲、亚洲温带以及非洲北部，我国有 1 种。

曲唇兰属
Panisea

学名·*Panisea yunnanensis*

形态特征： 假鳞茎较密集，狭卵形至卵形，顶端生二枚叶。叶狭长圆形或长圆状披针形，纸质，长 2.5 ～ 4.5 cm，宽 4 ～ 8 mm，先端急尖或钝。花单朵或有时 2 朵，白色；中萼片狭卵形，侧萼片长圆状披针形，与中萼片等长，花瓣与侧萼片相似，唇瓣长圆状匙形。花期 11 ～ 12 月。

产地及生境： 产于我国云南。生于海拔 1200 ～ 1800 m 的林中树上或岩石上。越南也有分布。

曲唇兰属 *Panisea* | 学名·*Panisea uniflora*

单花曲唇兰

形态特征： 根状茎坚硬，假鳞茎较密集，狭卵形至长颈瓶状，基部收狭，顶端生二枚叶。叶线形，长 5.5～21.5 cm，宽 8～12 mm，先端渐尖。花葶短，花单朵，淡黄色；萼片狭卵状长圆形，花瓣长圆状椭圆形或狭椭圆形，唇瓣倒卵状椭圆形，下部两侧各有 1 枚很小的侧裂片；侧裂片长圆状披针形，有时稍呈镰刀状。花期 10 月至次年 3 月。

产地及生境： 产于我国云南。生于海拔 800～1100 m 林中或茶园内岩石上或树上。尼泊尔、不丹、印度、缅甸、泰国、老挝、越南、柬埔寨也有分布。

本属概况： 本属 7 种，分布于喜马拉雅地区至泰国。我国有 5 种，其中 1 种为特有。

卷萼兜兰

形态特征： 地生植物。叶基生，二列，4～8枚；叶片狭椭圆形，长22～25 cm，宽2～5 cm，先端急尖并常有2～3枚小齿，上面有深浅绿色相间的网格斑（明显或不甚明显），基部收狭而成叶柄状并对折而互相套叠。花葶直立，顶端通常生1花；中萼片绿白色并有绿色脉，基部常有紫晕，合萼片亦为绿白色并具深色脉，花瓣下半部有暗褐色与灰白色相间的条纹或斑及黑色斑点，上半部淡紫红色，唇瓣末

端淡黄绿色至灰色，其余部分淡紫红色并有绿色的囊口边缘，中萼片宽卵形，合萼片卵状椭圆形，唇瓣倒盔状。花期1～5月。

产地及生境： 产于我国海南和广西。生于海拔300～1200 m的林下阴湿腐殖质多的土壤上或岩石上。越南、老挝、柬埔寨和泰国也有分布。

本属概况： 本属约80～85种，分布于亚洲热带地区至太平洋岛屿。我国有27种，其中2种为特有。

杏黄兜兰

兜兰属
Paphiopedilum

学名·*Paphiopedilum armeniacum*

形态特征: 地生或半附生植物。叶基生,二列,5~7枚;叶片长圆形,坚革质,长6~12 cm,宽1.8~2.3 cm,先端急尖或有时具弯缺与细尖,上面有深浅绿色相间的网格斑,背面有密集的紫色斑点并具龙骨状突起,边缘有细齿,基部收狭成叶柄状并对折而套叠。花葶直立,顶端生1花;花大,纯黄色,中萼片卵形或卵状披针形,合萼片与中萼片相似;花瓣大,宽卵状椭圆形、宽卵形或近圆形,唇瓣深囊状,近椭圆状球形或宽椭圆形。花期2~4月。

产地及生境: 产于我国云南。生于海拔1400~2100 m的石灰岩壁积土处或多石而排水良好的草坡上。缅甸可能也有分布。

小叶兜兰

兜兰属
Paphiopedilum

学名·*Paphiopedilum barbigerum*

形态特征：地生或半附生植物。叶基生，二列，5～6枚；叶片宽线形，长8～19 cm，宽7～18 mm，先端略钝或有时具2小齿，基部收狭成叶柄状并对折而互相套叠。花中等大；中萼片中央黄绿色至黄褐色，合萼片与中萼片同色但无白色边缘，花瓣边缘奶油黄色至淡黄绿色，中央有密集的褐色脉纹或整个呈褐色，唇瓣浅红褐色；中萼片近圆形或宽卵形，合萼片明显小于中萼片，卵形或卵状椭圆形，花瓣狭长圆形或略带匙形，唇瓣倒盔状。花期10～12月。

产地及生境：产于我国广西和贵州。生于海拔800～1500 m的石灰岩山丘荫蔽多石之地或岩隙中。越南也有分布。

大斑点兜兰

兜兰属
Paphiopedilum

学名·*Paphiopedilum bellatulum*
别名·巨瓣兜兰

形态特征：地生或半附生植物，通常较矮小。叶基生，二列，4～5枚；叶片狭椭圆形或长圆状椭圆形，长14～18 cm，宽5～6 cm，先端钝并有不对称的裂口，上面有深浅绿色相间的网格斑，背面密布紫色斑点。花葶直立，顶端生1花；花直白色或带淡黄色，具紫红色或紫褐色粗斑点，中萼片横椭圆形至宽卵形，合萼片明显小于中萼片；花瓣巨大，宽椭圆形或宽卵状椭圆形，唇瓣深囊状，椭圆形。花期4～6月。

产地及生境：产于我国广西和云南。生于海拔1000～1800 m的石灰岩岩隙积土处或多石土壤上。缅甸和泰国也有分布。

同色兜兰

兜兰属
Paphiopedilum

学名·*Paphiopedilum concolor*

形态特征： 地生或半附生植物。叶基生，二列，4～6枚；叶片狭椭圆形至椭圆状长圆形，长7～18 cm，宽3.5～4.5 cm，先端钝并略有不对称，上面有深浅绿色（或有时略带灰色）相间的网格斑，背面具极密集的紫点或几乎完全紫色。花葶直立，顶端通常具1～2花，罕有3花；花淡黄色或罕有近象牙白色，具紫色细斑点；中萼片宽卵形，合萼片与中萼片相似，花瓣斜的椭圆形、宽椭圆形或菱状椭圆形，唇瓣深囊状，狭椭圆形至圆锥状椭圆形。花期通常6～8月。

产地及生境： 产于我国广西、贵州和云南。生于海拔300～1400 m的石灰岩地区多腐殖质土壤上或岩壁缝隙或积土处。缅甸、越南、老挝、柬埔寨和泰国也有分布。

兜兰属
Paphiopedilum

学名·*Paphiopedilum delenatii*

形态特征：陆生植物。叶基生，二列，4～6片，叶面绿色，具有淡绿白色斑纹，叶长8～12 cm，宽3.5～4.2 cm。花葶近直立，上具1花或2花，花直径6～8 cm，中萼片、合萼片及花瓣白色，在背面有不明显浅粉色的脉纹，唇瓣粉红色或浅紫红色。花期3～4月。

产地及生境：产于我国广西及云南。生于海拔1000～1300 m的石灰岩地区的灌草丛中。栽培的品种有'白花'越南美人兜兰 *Paphiopedilum delenatii* var. alba。

❖ '白花'越南美人兜兰

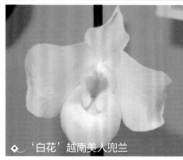

❖ '白花'越南美人兜兰

兜兰属
Paphiopedilum

学名·*Paphiopedilum gratrixianum*
别名·瑰丽兜兰、滇南兜兰

形态特征：陆生或岩生植物。叶4～8枚，二列；叶背绿色，向基部紫色，正面深绿色，倒披针形至狭长圆形，长28～40 cm，宽2.6～3.4 cm。花茎近直立，花径7～8 cm。萼片白色，通常有紫色斑点，花瓣黄褐色，唇瓣兜状。花期9～12月。

产地及生境：产于我国云南。生于海拔1800～1900 m的森林的岩石上。老挝及越南也有分布。

兜兰属
Paphiopedilum

长瓣兜兰

学名 · *Paphiopedilum dianthum*

形态特征： 附生植物，较高大。叶基生，二列，2～5枚；叶片宽带形或舌状，厚革质，干后常呈棕红色，长15～30 cm，宽3～5 cm，先端近浑圆并有裂口或小弯缺，基部收狭成叶柄状并对折而彼此套叠。总状花序具2～4花，花大，中萼片与合萼片白色而有绿色的基部和淡黄绿色脉，花瓣淡绿色或淡黄绿色并有深色条纹或褐红色晕，唇瓣绿黄色并有浅栗色晕；中萼片近椭圆形，合萼片与中萼片相似，但稍宽而短，花瓣下垂，长带形，唇瓣倒盔状。蒴果近椭圆形。花期7～9月，果期11月。

产地及生境： 产于我国广西、贵州和云南。生于海拔1000～2300 m的林缘或疏林中的树干上或岩石上。越南也有分布。

兜兰属
Paphiopedilum

绿叶兜兰

学名 · *Paphiopedilum hangianum*

形态特征： 岩生植物。叶4～6枚，浅绿或深绿色，革质，叶长12～28 cm，宽3.5～5.9 cm。花黄绿色，花芳香，直径11～14 cm，萼片宽卵形或椭圆形，合萼片宽椭圆形，花瓣宽倒卵形，花瓣基部具很多紫色不规则的条纹，唇瓣近球形。花期4～5月。

产地及生境： 产于我国云南。生于海拔600～800 m的潮湿但排水良好的岩石上或岩隙中。

兜兰属
Paphiopedilum

学名·*Paphiopedilum henryanum*

形态特征： 地生或半附生植物。叶基生，二列，通常3枚；叶片狭长圆形，长12～17 cm，宽1.2～1.7 cm，先端钝，上面深绿色，背面淡绿色或有时在基部有淡紫色晕，基部收狭成叶柄状并对折而彼此套叠。花葶直立，顶端生1花；中萼片奶油黄色或近绿色，有许多不规则的紫褐色粗斑点，合萼片色泽相近但无斑点或具少数斑点，花瓣玫瑰红色，基部有紫褐色粗斑点，唇瓣亦玫瑰红色并略有黄白色晕与边缘；中萼片近圆形或扁圆形，合萼片较狭窄，花瓣狭倒卵状椭圆形至近长圆形，边缘多少波状，唇瓣倒盔状。花期7～8月。

产地及生境： 产于我国云南和广西。生于海拔900～1300 m的稍荫蔽的悬崖上、阔叶林中或灌丛中以及排水良好的石灰岩上。越南也有分布。

兜兰属
Paphiopedilum

学名·*Paphiopedilum hirsutissimum*

形态特征： 地生或半附生植物。叶基生，二列，5～6枚；叶片带形，革质，长16～45 cm，宽1.5～3 cm，先端急尖并常有2小齿，上面深绿色，背面淡绿色并稍有紫色斑点，基部收狭成叶柄状并对折而多少套叠。花葶直立，顶端生1花；花较大，中萼片和合萼片除边缘淡绿黄色外，中央至基部有浓密的紫褐色斑点或甚至连成一片，花瓣下半部黄绿色而有浓密的紫褐色斑点，上半部玫瑰紫色并有白色晕，唇瓣淡绿黄色而有紫褐色小斑点；中萼片宽卵形或宽卵状椭圆形，合萼片卵形，花瓣匙形或狭长圆状匙形，唇瓣倒盔状。花期4～5月。

产地及生境： 产于我国广西、贵州和云南。生于海拔700～1500 m的林下或林缘岩石缝中或多石湿润土壤上。印度、越南、老挝和泰国也有分布。

兜兰属
Paphiopedilum

学名·*Paphiopedilum malipoense*

形态特征： 地生或半附生植物。具短的根状茎。叶基生，二列，7～8枚；叶片长圆形或狭椭圆形，革质，长10～23 cm，宽2.5～4 cm，先端急尖且稍具不对称的弯缺，上面有深浅绿色相间的网格斑，背面紫色或不同程度地具紫色斑点，极少紫点几乎消失。花葶直立，顶端生1花；花黄绿色或淡绿色，花瓣上有紫褐色条纹或多少由斑点组成的条纹，唇瓣上有时有不甚明显的紫褐色斑点；中萼片椭圆状披针形，合萼片卵状披针形，花瓣倒卵形、卵形或椭圆形，唇瓣深囊状，近球形。花期12月至次年3月。

产地及生境： 产于我国广西、贵州和云南。生于海拔500～2000 m的石灰岩山坡林下多石处或积土岩壁上。越南也有分布。

兜兰属
Paphiopedilum

学名·*Paphiopedilum markianum*

形态特征： 地生或半附生植物。叶基生，二列，2～3枚。叶片狭长圆形，长15～25 cm，宽2.1～3.5 cm，先端钝并常有小裂口或弯缺，绿色，基部收狭成叶柄状并对折而互相套叠。花葶直立，顶端生1花；花大，中萼片黄绿色而有3条紫褐色粗纵条纹，合萼片淡黄绿色并在基部有紫褐色细纹，花瓣基部至中部黄绿色并在中央有2条紫褐色粗纵条纹，上部淡紫红色，唇瓣淡黄绿色而有淡褐色晕；中萼片宽卵形至极宽的倒卵形，合萼片椭圆状卵形，花瓣近匙形，唇瓣倒盔状。花期6～8月。

产地及生境： 产于我国云南。生于海拔1500～2200 m的林下荫蔽多石处或山谷旁灌丛边缘。

兜兰属
Paphiopedilum

学名·*Paphiopedilum micranthum*

形态特征： 地生或半附生植物。叶基生，二列，4～5枚；叶片长圆形或舌状，坚革质，长5～15 cm，宽1.5～2 cm，先端钝，上面有深浅绿色相间的网格斑，背面有密集的紫斑点并具龙骨状突起，基部收狭成叶柄状并对折而彼此套叠。花葶直立，顶端具1花；花大，艳丽，中萼片与花瓣通常白色而有黄色晕和淡紫红色粗脉纹，唇瓣白色至淡粉红色，中萼片卵形或宽卵形，先端急尖，合萼片卵形或宽卵形，花瓣宽卵形、宽椭圆形或近圆形，唇瓣深囊状，卵状椭圆形至近球形。花期3～5月。

产地及生境： 产于我国广西、贵州和云南。生于海拔1000～1700 m的石灰岩山坡草丛中或石壁缝隙或积土处。越南也有分布。

兜兰属
Paphiopedilum

学名·*Paphiopedilum parishii*

形态特征： 附生植物，较高大。叶基生，二列，5～8枚；叶片宽带形，厚革质，长15～35 cm，宽2.5～5 cm，先端圆形或钝并有裂口或弯缺，基部收狭成叶柄状并对折而彼此互相套叠。花葶近直立，总状花序具3～8朵花；花较大；中萼片与合萼片奶油黄色并有绿色脉，花瓣基部至中部淡绿黄色并有栗色斑点和边缘，中部至末端近栗色，唇瓣绿色而有栗色晕，但囊内紫褐色；中萼片椭圆形或宽椭圆形，合萼片与中萼片相似，略小；花瓣长带形，下垂，强烈扭转；唇瓣倒盔状。花期6～7月。

产地及生境： 产于我国云南。生于海拔1000～1100 m的林中树干上。缅甸、老挝和泰国也有分布。

兜兰属
Paphiopedilum

学名·*Paphiopedilum philippinense*

形态特征： 半附生。具叶 5 ～ 10 枚，带状。具 3 ～ 5 朵花，花大，中萼片及合萼片近等大，白色，上具紫红色条纹。花瓣长而下垂，扭转，紫褐色。唇瓣兜状，浅黄绿色并具暗紫色脉纹。退化雄蕊盔状，黄绿色。花期春季至夏季。

产地及生境： 产于菲律宾。生于海拔 500 m 以下的林下或覆土的岩石上。

兜兰属
Paphiopedilum

学名·*Paphiopedilum primulinum*

形态特征： 半附生。叶片 5～6 枚，绿色，长椭圆形。花葶直立，着花 1 朵，花黄色。萼片中间淡绿色，边缘黄色，花瓣黄色，边缘波状，上具短绒毛。唇瓣兜状，黄色。花期不定。

产地及生境： 产于印度尼西亚苏门答腊岛。分布于海拔 500 m 以下的林中附近的石灰岩上。

兜兰属
Paphiopedilum

学名·*Paphiopedilum rothschildianum*

形态特征： 植株丛生，株高 30～70 cm。叶基生，可达 5～10 枚，长带状，绿色。花葶直立，具花 3～8 朵，萼片卵圆形，盔状，上有紫色脉纹，花瓣披针形，上具紫色脉纹及斑点。唇兜盔状，紫红色，具有网格状纹。花期春季。

产地及生境： 产于印度尼西亚和马来西亚。生于海拔 500～900 m 的密林中石上或腐殖质土中。

兜兰属
Paphiopedilum

学名·*Paphiopedilum sanderianum*

形态特征: 石生。叶基生,带状,绿色,先端凹缺,革质,长45 cm,宽4～6 cm。花葶直立,花序着花3～6朵,萼片长卵圆形,上具深褐色脉纹,花瓣扭转,上部淡色,下部紫褐色,长可达1 m,唇瓣盔状,前端褐色,基部黄色。花期4～6月。

产地及生境: 产于马来西亚。生于海拔1000 m以下的布满苔藓的石灰岩壁上。

兜兰属
Paphiopedilum

学名·*Paphiopedilum spicerianum*
别名·青蛙兜兰

形态特征: 陆生或石生植物。叶片4～6枚,二列。叶背苍绿色,叶面墨绿色,狭椭圆形,长14～27 cm,宽1.8～6 cm,革质。花葶近直立,1花,极罕2花,花直径5～7.5 cm。萼片白色,基部绿色,中肋紫褐色。合萼片黄绿色。花瓣淡黄绿色,中肋棕色。唇瓣淡绿色浅褐色斑纹。花期9～11月。

产地及生境: 产于我国云南。生于海拔900～1400 m森林或灌木茂盛的山坡悬崖上或石灰岩中。缅甸有产。

天伦兜兰

兜兰属
Paphiopedilum

学名·*Paphiopedilum tranlienianum*

形态特征: 陆生或岩生植物。叶 4 ~ 6 枚, 叶片淡绿色, 长 10 ~ 24 cm, 宽 1.6 ~ 2.7 cm。花直径 6 ~ 6.5 cm, 萼片白色, 上有棕色条纹, 花瓣条形, 淡绿色至褐色, 边缘白色, 波状。唇瓣兜状, 淡褐色。

产地及生境: 产于我国云南。生于海拔 1000 m 左右的山石上或排水良好的陆地上。越南也有分布。

秀丽兜兰

兜兰属
Paphiopedilum

学名·*Paphiopedilum venustum*

形态特征: 地生或半附生植物。叶基生, 二列, 4 ~ 5 枚; 叶片长圆形至椭圆形, 长 10 ~ 21.5 cm, 宽 2.5 ~ 5.7 cm, 先端急尖并常有小裂口, 上面通常有深浅绿色 (或多少带褐黄色) 相间的网格斑, 背面有较密集的紫色斑点, 基部收狭成叶柄状并对折而互相套叠。花葶直立, 顶端生 1 花或罕有 2 花; 中萼片与合萼片白色而有绿色粗脉纹, 花瓣黄白色而有绿色脉、暗红色晕和黑色粗疣点, 唇瓣淡黄色而有明显的绿色脉纹和极轻微的暗红色晕; 中萼片宽卵形或近心形, 合萼片卵形; 花瓣近长圆形或倒披针状长圆形, 唇瓣倒盔状。花期 1 ~ 3 月。

产地及生境: 产于我国西藏。生于海拔 1100 ~ 1600 m 的林缘或灌丛中腐殖质丰富处。尼泊尔、不丹、印度东北部和孟加拉国也有分布。

兜兰属
Paphiopedilum

学名·*Paphiopedilum villosum*

形态特征：地生或附生植物。叶基生，二列，通常 4～5 枚；叶片宽线形或狭长圆形，长 20～40 cm，宽 2.5～4 cm，先端常为不等的 2 尖裂，深黄绿色，背面近基部有紫色细斑点，基部收狭成叶柄状并对折而互相套叠。花葶直立，顶端生 1 花；花大；中萼片中央紫栗色而有白色或黄绿色边缘，合萼片淡黄绿色，花瓣具紫褐色中脉，唇瓣亮褐黄色而略有暗色脉纹；中萼片倒卵形至宽倒卵状椭圆形，合萼片卵形，花瓣倒卵状匙形，唇瓣倒盔状。花期 11 月至次年 3 月。

产地及生境：产于我国云南。生于海拔 1100～2000 m 的林缘或林中树上透光处或多石、有腐殖质和苔藓的草坡上。印度、缅甸、越南、老挝和泰国也有分布。

兜兰属
Paphiopedilum

学名·*Paphiopedilum wardii*

形态特征: 地生植物。叶基生,二列,3～5枚;叶片狭长圆形,长10～17 cm,宽4～5.5 cm,先端钝的3浅裂,上面有深浅蓝绿色相间的网格斑,背面有较密集的紫色斑点,基部收狭成叶柄状并对折而互相套叠。花葶直立,顶端生1花;花较大;中萼片与合萼片白色而有绿色粗脉纹,花瓣绿白色或淡黄绿色而有密集的暗栗色斑点或有时有紫褐色晕,唇瓣绿黄色而具暗色脉和淡褐色晕以及栗色小斑点;中萼片卵形,合萼片卵状披针形,花瓣近长圆形,唇瓣倒盔状。花期12月至次年3月。

产地及生境: 产于我国云南。生于海拔约2000 m的山坡草丛多石积土中。缅甸也有分布。

兜兰属
Paphiopedilum

学名·*Paphiopedilum wenshanense*

形态特征: 陆生草本。叶4～5枚,叶暗绿色,上具浅绿色斑点,近椭圆形,长5～10 cm,宽3.5～4.5 cm。花葶近直立,1～3朵花,花白色或黄白色,直径5～7 cm。萼片盔状,卵圆形,上面具褐色斑点,花瓣宽椭圆形,上面有大小不一的褐色斑点。唇瓣椭圆状球形,上有少量斑点。花期5月。

产地及生境: 产于我国云南。生于灌木和草坡的石灰岩地区。

兜兰属
Paphiopedilum

学名·*Paphiopedilum* Maudiae

形态特征： 地生草本。茎短，包藏于二列的叶基内。叶基生，二列，多枚，对折。叶片狭椭圆形，上具不规则斑纹，基部叶鞘互相套叠。花葶从叶丛中长出，较长，单花；花大，中萼片较大，直立，2枚侧萼片合生，先端具突尖；花瓣近带形，向两侧伸展，稍下垂，上具斑点或条纹；唇瓣深囊状，盔状，囊口宽大。蒴果。花期冬季。

产地及生境： 园艺种。栽培的品种有'肉饼'兜兰 *Paphiopedilum* Pacific Shamrock、*Paphiopedilum* Cocoa Motto Kitty、'布斯女士'兜兰 *Paphiopedilum* Lady Booth、'迈克尔'兜兰 *Paphiopedilum* Micheal Koopowifz、'爱德华王子'兜兰 *Paphiopedilum* Prince Edward。

◇ '肉饼'兜兰

◇ '肉饼'兜兰

◇ '肉饼'兜兰

◇ *Paphiopedilum* Cocoa Motto Kitty

◇ '迈克尔'兜兰

◇ '爱德华王子'兜兰

◇ '布斯女士'兜兰

凤蝶兰属 Papilionanthe
学名 · *Papilionanthe biswasiana*

形态特征： 茎质地坚硬，直立或下垂，粗壮，圆柱形，常不分枝，具多数节。叶互生，疏离，肉质，斜立，圆柱形，长 13 ～ 16 cm，粗 3 ～ 4 mm，向先端渐狭而距先端约 2 cm 处骤然收狭而后变为细尖。总状花序通常比叶短，具 1 ～ 3 朵花；花大，开展，质地薄，乳白色或有时染有淡粉红色；中萼片和侧萼片相似，倒卵形，侧萼片基部贴生在蕊柱足上；花瓣倒卵形，先端圆形，唇瓣基部着生于蕊柱足末端，三裂；侧裂片直立，中裂片伸展，近扇形；距狭长。花期 4 月。

产地及生境： 产于我国云南。生于海拔 1700 ～ 1900 m 的山地林中树干上。分布于缅甸和泰国。

本属概况： 本属约 12 种，产于我国、印度、东南亚及马来群岛。我国有 4 种，其中 1 种为特有。

凤蝶兰属 Papilionanthe
学名 · *Papilionanthe teres*

形态特征： 茎坚硬，粗壮，圆柱形，伸长而向上攀援，通常长达 1 m 以上，具分枝和多数节。叶斜立，疏生，肉质，深绿色，圆柱形，长 8 ～ 18 cm，粗 4 ～ 8 mm，先端钝。总状花序比叶长，疏生 2 ～ 5 朵花；花大，质地薄，开展；中萼片淡紫红色，椭圆形，侧萼片白色稍带淡紫红色，斜卵状长圆形；花瓣较大，近圆形，唇瓣三裂；距黄褐色，漏斗状圆锥形。花期 5 ～ 6 月。

产地及生境： 产于我国云南。生于海拔约 500 ～ 900 m 的林缘或疏林中树干上。分布于尼泊尔、不丹、印度、缅甸、泰国、老挝、越南和孟加拉。

白蝶兰属
白蝶兰
Pecterilis

学名·*Pecteilis hawkesiana*

形态特征： 地生草本。块茎肉质，不裂，颈部具几条细长根。茎直立，株高 15～25 cm，基部具鞘，其上具叶，叶向上渐变小成苞片状。叶互生，卵圆形，质地厚，宽 10～12 cm。总状花序顶生，具 3～12 朵花，直径 2.5～3.5 cm，唇瓣位于下方。萼片离生，中萼片直立；侧萼片斜歪；花瓣线状披针形、较萼片狭小；唇瓣三裂，中裂片三角形，黄色；具长距，白色。花期秋季。

产地及生境： 产于缅甸及泰国。

本属概况： 本属约 5 种，产于东亚及东南亚及喜马拉雅地区。

鹤顶兰属
婆罗洲鹤顶兰
Phaius

学名·*Phaius borneensis*

形态特征： 地生兰。假鳞茎圆锥形。叶互生于假鳞茎上，长椭圆形，叶薄，宽卵形，先端尖，基部收狭为抱茎的鞘。总状花序具多花，花瓣及萼片均为黄色，萼片长卵圆形，花瓣较萼片狭，唇瓣基部合成坛状，距黄色，细圆筒状。花期春季到初夏。

产地及生境： 产于印度尼西亚及马来西亚。

本属概况： 全属约 40 种，广布于非洲热带地区、亚洲热带和亚热带地区至大洋洲。我国有 9 种，其中 4 种为特有。

紫花鹤顶兰

鹤顶兰属 | 学名·*Phaius mishmensis*
Phaius | 别名·细茎鹤顶兰

形态特征： 植株高达 80 cm。假鳞茎直立，圆柱形，上部互生 5 ～ 6 枚叶，具多数节。叶椭圆形或倒卵状披针形，长 10 ～ 30 cm，宽 4 ～ 8 cm，先端急尖，基部收狭为抱茎的鞘，边缘多少波状。花序侧生，疏生少数花；花淡紫红色，不甚开放；萼片近相似，椭圆形，花瓣倒披针形，唇瓣密布红褐色斑点，侧裂片直立，中裂片近方形或宽倒卵形；距细圆筒形。花期 10 月至次年 1 月。

产地及生境： 产于我国台湾、广东、广西、云南和西藏。生于海拔高达 1400 m 的常绿阔叶林下阴湿处。也分布于不丹、印度、缅甸、越南、老挝、泰国、菲律宾和琉球群岛。

鹤顶兰属
Phaius | 学名·*Phaius tonkinensis*

形态特征： 地生。假鳞茎直立，圆柱形，下部被鞘，上部互生 3～6 枚叶，具节。叶椭圆形或倒卵状披针形，长 10～30 cm，宽 3～9 cm，先端急尖或渐尖，基部收狭为抱茎的鞘。花序疏生少数花，花不甚开放，萼片近相似，长椭圆形，白色，花瓣披针形或倒披针形，唇瓣密布红褐色斑点，三裂，侧裂片直立，先端钝或圆，中裂片近方形或宽倒卵形，唇盘具 3～4 条脊突，脊上无毛，两侧具白色长毛，距细圆筒形，白色或黄色。花期 11 月至次年 1 月。

产地及生境： 产于我国广西、台湾。生于海拔 500～2000 m 的潮湿森林中。印度、泰国、缅甸、老挝、菲律宾及琉球群岛也有分布。

鹤顶兰属
Phaius

鹤顶兰属 | 学名·*Phaius tancarvilleae*
Phaius | 异名·*Phaius tankervilleae*

形态特征： 植物体高大。假鳞茎圆锥形。叶 2 ～ 6 枚，互生于假鳞茎的上部，长圆状披针形，长达 70 cm，宽达 10 cm，先端渐尖。花葶从假鳞茎基部或叶腋发出，直立，圆柱形，总状花序具多数花；花大、美丽，背面白色，内面暗赭色或棕色；萼片近相似，长圆状披针形，花瓣长圆形，与萼片等长而稍狭；唇瓣背面白色带茄紫色的前端，内面茄紫色带白色条纹，唇盘密被短毛，通常具 2 条褶片；距细圆柱形。花期 3 ～ 6 月。

产地及生境： 产于我国台湾、福建、广东、香港、海南、广西、云南和西藏。生于海拔 700 ～ 1800 m 的林缘、沟谷或溪边阴湿处。广布于亚洲热带和亚热带地区以及大洋洲。栽培的品种有'花叶'鹤顶兰 *Phaius tancarvilleae* 'Vaiegata'。

◆ '花叶'鹤顶兰

蝴蝶兰属
Phalaenopsis | 学名·*Phalaenopsis amabilis*

形态特征： 附生兰。叶基生，3～5枚，革质，椭圆形，互生于短茎上，套叠生长。总状花序，多花。花白色，萼片及花瓣近相似，卵圆形，唇瓣三裂，侧裂片直立内弯，环抱蕊柱，上有紫色纵纹，中裂片卵形，基部黄色。带黄色。主要花期夏季。

产地及生境： 产于澳大利亚、印度尼西亚、巴布亚和新几内亚及菲律宾等地。生于海拔高达600 m的树干上。

本属概况： 本属40～45种之间，分布于热带亚洲至澳大利亚。我国有12种，其中4种为特有。

蝴蝶兰属
Phalaenopsis | 学名·*Phalaenopsis amboinensis*

形态特征： 附生兰。叶基生，椭圆形至长圆形，革质。花序侧生，具少数花。花瓣及萼片褐色，肉质，上具同色的黄色环纹，唇瓣肉质，侧裂片黄色带黄斑，中裂片白色带褐色斑块。花期冬季至次年春季。

产地及生境： 产于巴布亚、新几内亚和印度尼西亚等地。生于低海拔的阴暗潮湿的森林树干上。

羊角蝴蝶兰

蝴蝶兰属
Phalaenopsis

学名·*Phalaenopsis cornu-cervi*
别名·鹿角蝴蝶兰

形态特征：附生兰，株高 10～30 cm。茎短。叶长椭圆形，革质，先端尖，基部楔形套叠。花序斜出，着花数朵，花黄绿色带有紫褐色斑块，中萼片直立，长椭圆形，侧萼片与中萼片相似，多少内弯，呈镰形。花瓣较萼片小，唇瓣三裂，白色，基部带紫色。花期春季至秋季。

产地及生境：产于缅甸、泰国、婆罗洲及苏门答腊等地。栽培的品种有'黄花'羊角蝴蝶兰 *Phalaenopsis cornu-cervi* 'Alba'。

◇ '黄花'羊角蝴蝶兰

◇ '黄花'羊角蝴蝶兰

蝴蝶兰属
Phalaenopsis

学名·*Phalaenopsis deliciosa* / 异名·*Kingidium deliciosum*
别名·大尖囊兰

形态特征： 茎短。叶二列，纸质，倒卵状披针形或有时椭圆形，长 8～14.5 cm，宽 3～5.5 cm，先端钝并且稍钩曲，基部楔形收狭，然后扩大为彼此套叠的鞘，边缘波状。花序斜出或上举，上部常分枝；密生数朵小花；花时具叶，萼片和花瓣浅白色带淡紫色斑纹；中萼片近椭圆形，侧萼片斜卵形，花瓣近倒卵形，唇瓣三裂，基部无爪；侧裂片白色带淡紫色条纹，倒卵形，中裂片平倒卵状楔形。花期 7 月。

产地及生境： 产于我国海南及云南。生于海拔 300～1600 m 的山地林中树干上或山谷岩石上。广泛分布于斯里兰卡、印度、热带喜马拉雅、缅甸、老挝、越南、柬埔寨、泰国、马来西亚、印度尼西亚和菲律宾。

蝴蝶兰属
Phalaenopsis

学名·*Phalaenopsis equestris* 'Aurea'

形态特征： 附生兰。茎短。叶基生，肉质，卵形、椭圆形。花序有时分枝，花多朵。花瓣及萼片白色，唇瓣三裂，侧裂片小，耳状，唇瓣宽舌状，黄色，先端波状。主要花期春季。

产地及生境： 园艺种，原种产于菲律宾、台湾等地。生于海拔 300 m 以下的山谷溪流的树干上。栽培的品种有'姬'蝴蝶兰 *Phalaenopsis equestris* 'Orange'。

◆'姬'蝴蝶兰

◆'姬'蝴蝶兰 ◆'姬'蝴蝶兰 ◆'姬'蝴蝶兰

蝴蝶兰属
Phalaenopsis

学名·*Phalaenopsis lobbii*
别名·罗氏蝴蝶兰

形态特征： 附生兰。茎簇生。叶 2 ～ 4 枚，椭圆形，绿色。长 5 ～ 8 cm，宽 3.5 ～ 4 cm。花序长 5 ～ 10 cm，2 ～ 4 朵花，花小，白色。中萼片椭圆形，侧萼片多少反折，卵形至近圆形，花瓣倒卵形至匙形。唇瓣 3 浅裂，侧裂片小，镰形，中裂片半圆形，黄色。花期 3 ～ 5 月。

产地及生境： 产于我国云南。生于海拔 600 m 开阔的森林中。不丹、印度、缅甸及越南也有分布。

蝴蝶兰属
Phalaenopsis

学名·*Phalaenopsis mannii*

形态特征： 茎粗厚，上部通常具 4 ～ 5 枚叶。叶两面绿色，长圆状倒披针形或近长圆形，长达 23 cm，宽 5 ～ 6 cm，先端锐尖，花期具叶。花序 1 ～ 2 个，侧生于茎，常斜出或下垂，不分枝或有时分枝，疏生少数至多数花；花开展，质地厚，萼片和花瓣橘红色带紫褐色横纹斑块；中萼片倒卵状披针形，侧萼片斜卵状椭圆形，花瓣近长圆形，唇瓣白色，三裂；侧裂片直立，近长方形，中裂片厚肉质，锚状。花期 3 ～ 4 月。

产地及生境： 产于我国云南。生于海拔 1350 m 的常绿阔叶林中树干上。分布于不丹、尼泊尔、印度、缅甸和越南。

蝴蝶兰属
Phalaenopsis

学名·*Phalaenopsis mariae*
别名·玛丽蝴蝶兰

形态特征： 附生，株高 20～30 cm。具 4～5 枚叶，长椭圆形，基部抱茎套叠。花序外弯，分枝，着花十余朵或更多。花瓣及萼片近相似，长椭圆形，黄绿色，上具紫褐色斑块，唇瓣三裂，侧裂片小，直立，紫红色，唇瓣舌状，紫红色。花期夏季至秋季。

产地及生境： 产于菲律宾的棉兰老岛及婆罗洲。

蝴蝶兰属
Phalaenopsis

学名·*Phalaenopsis pallens*

形态特征： 附生，株高 15～25 cm，簇生。叶长椭圆形，先端尖，基部抱茎，革质。花序直立,着花 3～5 朵。萼片及花瓣近相似，长椭圆形，浅黄绿色，上有紫褐色横纹，唇瓣小，三裂，侧裂片白色,前端黄色，直立，中裂片近菱形。花期秋季到春季。

产地及生境： 产于菲律宾。

蝴蝶兰属
Phalaenopsis

五唇兰

学名·*Phalaenopsis pulcherrima*
异名·*Doritis pulcherrima*

形态特征： 茎很短，具 3～6 枚近基生的叶。叶上面绿色，背面淡绿或淡紫色，长圆形，长 5～7.5 cm，宽 1.5～2 cm，先端钝或锐尖。花序直立，圆柱形，高出叶外；总状花序疏生数朵花；花通常具香气，开放，萼片和花瓣淡紫色；中萼片长圆形，侧萼片稍斜卵状三角形，唇瓣 5 裂，基部具弯曲向上的爪；爪的两侧具 2 枚直立、长方形的棕红色侧生小裂片，中裂片大，近半圆形，顶裂片淡紫色，较厚，稍向前外弯，舌状。花期 7～8 月。

产地及生境： 产于我国海南。生于密林或灌丛中，常见于覆有土层的岩石上。分布于印度、缅甸、老挝、柬埔寨、越南、泰国、马来西亚和印度尼西亚。栽培的品种有'白花'五唇兰 *Phalaenopsis pulcherrima* 'Alba'、'蓝花'五唇兰 *Phalaenopsis pulcherrima* 'Coerulea-aquinii'。

◆ '白花'五唇兰

◆ '蓝花'五唇兰

◆ '蓝花'五唇兰

蝴蝶兰属
Phalaenopsis

学名·*Phalaenopsis philippinensis*

形态特征： 附生草本。茎短。叶长椭圆形，叶片绿色，上面密布银灰色斑纹。花序直立或斜伸。花瓣及萼片白色，中萼片卵形，侧萼片长椭圆形，上有褐色斑点。花瓣近菱形，唇瓣三裂，中裂片白色，侧裂片黄色带褐色斑纹。花期春季至夏季。

产地及生境： 产于菲律宾吕宋岛的东北部森林中。

菲律宾蝴蝶兰

蝴蝶兰属
Phalaenopsis

学名·*Phalaenopsis schilleriana*
别名·西蕾丽蝴蝶兰

形态特征： 附生兰。叶基生，椭圆形，深绿色上面具灰色横向的斑纹。总状花序，具分枝，花多数，较大。花瓣及萼片粉红色，唇瓣三裂，侧裂片白色带粉色边缘，中裂片粉色，前端二裂。花期春季。

产地及生境： 产于菲律宾吕宋岛及周边地区。生于海拔 450 m 以下的林中。

虎斑蝴蝶兰

蝴蝶兰属
Phalaenopsis

学名·*Phalaenopsis stuartiana*
别名·小叶蝴蝶兰

形态特征： 附生兰。叶基生，椭圆形，肉质，绿色。总状花序，多朵，最多可达百朵，具淡香。花瓣及中萼片白色，偶有褐色斑点，侧萼片上部白色具褐色斑点，下面黄色密布褐色斑。唇瓣三裂，白色带黄色并具褐色斑点，中裂片前端二裂。花期春季。

产地及生境： 产于菲律宾，生于海拔 300 m 以下的温暖湿润的森林中。栽培的品种有'黄花'史塔基蝴蝶兰 *Phalaenopsis stuartiana* 'Yellow'。

◆ '黄花'史塔基蝴蝶兰

◆ '黄花'史塔基蝴蝶兰

蝴蝶兰属
Phalaenopsis

学名·*Phalaenopsis tetraspis*

形态特征： 附生兰。叶基生，长卵形或椭圆形。花瓣及萼片白色，上具褐色横条纹，唇瓣狭窄，基部紫色，前端白色具绒毛，具淡香。花期春季至秋季。本种栽培个体繁多，花瓣、萼片及唇瓣色泽差异较大。

产地及生境： 产于印度尼西亚的苏门答腊岛、印度的安达曼群岛及尼科巴等岛屿上。

蝴蝶兰属
Phalaenopsis

学名·*Phalaenopsis violacea*
别名·大叶蝴蝶兰

形态特征： 附生兰。茎短。叶长椭圆形，厚革质。花序短，花莛紫色。花瓣及萼片长度相近，长卵圆形，先端尖，唇瓣三裂，侧裂片小、中裂片舌状，紫红色。个体较多，花色有差异。花期夏季至秋季。

产地及生境： 产于马来西亚、婆罗洲及苏门答腊。生于海拔150 m的森林中。栽培的品种有'白花'莹光蝴蝶兰 *Phalaenopsis violacea* 'Alba'。

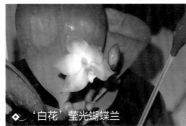

◆ '白花'莹光蝴蝶兰

蝴蝶兰属
Phalaenopsis

学名·*Phalaenopsis wilsonii*

形态特征： 气生根发达，簇生。茎很短，通常具4～5枚叶。叶稍肉质，两面绿色或幼时背面紫红色，长圆形或近椭圆形，通常长6.5～8 cm，宽2.6～3 cm，先端钝并且一侧稍钩转，在旱季常落叶，花时无叶或具1～2枚存留的小叶。花序斜立，不分枝，疏生2～5朵花；花开放，萼片和花瓣白色带淡粉红色的中肋或全体淡粉红色；中萼片长圆状椭圆形，侧萼片与中萼片相似而等大，但近唇瓣一侧的中部以下边缘下弯，花瓣匙形或椭圆状倒卵形，唇瓣三裂；侧裂片上半部紫色，下半部黄色，中裂片肉质，深紫色。花期4～7月，果期8～9月。

产地及生境： 产于我国广西、贵州、四川、云南和西藏。生于海拔700～1800 m的山地疏生林中树干上或林下阴湿的岩石上。广泛分布在热带和亚热带的亚洲和大洋洲。

蝴蝶兰属
Phalaenopsis

学名·*Phalaenopsis hybrida*

形态特征： 多年生常绿附生草本，根肉质，发达，株高 50～80 cm。叶厚，扁平，互生，呈二列排布，椭圆形、长圆状披针形至卵状披针形。总状花序，腋生，直立或斜出，具分枝，着花数朵至十余朵，花大小及色彩依品种不同而不同。蒴果。自然花期春季，目前采用催花方法提前于冬季开花，用于春节应用。

产地及生境： 园艺种。栽培的品种有'红龙'蝴蝶兰 *Phalaenopsis* Ben Yu Star 'Red-dragon'、'红日'蝴蝶兰 *Phalaenopsis* Brother Love Goofy 'Red Sun'、'白花'卡珊德拉蝴蝶兰 *Phalaenopsis* Cassandra 'Alba'、'红冠'蝴蝶兰 *Phalaenopsis* Frigdaas Spring Rose 'Red Wine'、'富乐夕阳'蝴蝶兰 *Phalaenopsis* Fuller's Sunset、'聚宝红玫瑰'蝴蝶兰 *Phalaenopsis* Jiuhbao Red Rose、'天使'蝴蝶兰 *Phalaenopsis* Ming Hsing 'Angel'、'明星天使'蝴蝶兰 *Phalaenopsis* Ming Hsing 'Eagle'、'满天红'蝴蝶兰 *Phalaenopsis* QueenDeer、'红霞'蝴蝶兰 *Phalaenopsis* 'Red Glow'、'瑞丽美人'蝴蝶兰 *Phalaenopsis* Ruey Lih Beauty、'新源美人'蝴蝶兰 *Phalaenopsis* Shin-Yuan Golden Beauty、'V3'蝴蝶兰 *Phalaenopsis* Sogo Yukidian 'V3'、'红珍珠'蝴蝶兰 *Phalaenopsis* Sunrise Firebird 'Red Pearl'。

◆ '红日'蝴蝶兰

◆ '白花'卡珊德拉蝴蝶兰

◆ '红龙'蝴蝶兰

◆ '红冠'蝴蝶兰

◆ '富乐夕阳'蝴蝶兰

◆ '新源美人' 蝴蝶兰

◆ 'V3' 蝴蝶兰

◆ '明星天使' 蝴蝶兰

◆ '聚宝红玫瑰' 蝴蝶兰

◆ '天使' 蝴蝶兰

◆ '满天红' 蝴蝶兰

◆ '红霞' 蝴蝶兰

◆ '瑞丽美人' 蝴蝶兰

◆ '红珍珠' 蝴蝶兰

凹唇石仙桃

石仙桃属 Pholidota ｜ 学名·*Pholidota convallariae*

形态特征： 假鳞茎匍匐，疏生，狭卵形，顶端生二叶。叶狭椭圆形，长 15 ～ 20 cm，宽 2 ～ 2.5 cm，先端钝或短渐尖，基部收狭成柄。花葶生于幼嫩假鳞茎顶端，总状花序通常具十余朵花；花较小，中萼片近长圆形或椭圆形，侧萼片斜卵形，花瓣卵状椭圆形，唇瓣凹陷成浅囊状，基部有 3 条纵褶片。

产地及生境： 产于我国云南。生境不详。附生于海拔 1500 m 的森林树干上。印度、缅甸、泰国、越南也有分布。

本属概况： 本属约 30 种，分布于亚洲热带和亚热带南缘地区，南至澳大利亚和太平洋岛屿。我国有 12 种，其中 2 种为特有。

宿苞石仙桃

石仙桃属 Pholidota ｜ 学名·*Pholidota imbricata*

形态特征： 根状茎匍匐，较粗壮，具多节，假鳞茎密接，近长圆形，略带 4 钝棱，顶端生一叶。叶长圆状倒披针形、长圆形至近宽倒披针形，长 7 ～ 35 cm，宽 2 ～ 8.5 cm，薄革质，先端短渐尖或急尖，基部楔形。花葶生于幼嫩假鳞茎顶端，总状花序下垂，密生数十朵花；花白色或略带红色，中萼片近圆形或宽椭圆形，凹陷成舟状，侧萼片完全离生，卵形，花瓣近线状披针形，唇瓣略三裂；侧裂片近宽长圆形，中裂片近长圆形。花期 7 ～ 9 月，果期 10 月至次年 1 月。

产地及生境： 产于我国四川、云南和西藏。生于海拔 800 ～ 2700 m 的林中树上或岩石上。不丹、柬埔寨、印度、印度尼西亚、老挝、马来西亚、缅甸、尼泊尔、新几内亚、巴基斯坦、斯里兰卡、泰国、越南、澳大利亚及西南太平洋群岛也有分布。

石仙桃属 *Pholidota* | 学名·*Pholidota yunnanensis*

形态特征: 根状茎匍匐、分枝,通常相距 1～3 cm 生假鳞茎;假鳞茎近圆柱状,顶端生 2 叶。叶披针形,坚纸质,长 6～15 cm,宽 7～25 mm,具折扇状脉,先端略钝,基部渐狭成短柄。花葶生于幼嫩假鳞茎顶端,总状花序具 15～20 朵花;花白色或浅肉色,中萼片宽卵状椭圆形或卵状长圆形,侧萼片宽卵状披针形,唇瓣轮廓为长圆状倒卵形。花期 5 月,果期 9～10 月。

产地及生境: 产于我国广西、湖北、湖南、四川、贵州和云南。生于海拔 1200～1700 m 的林中或山谷旁的树上或岩石上。越南也有分布。

美洲兜兰属 *Phragmipedium* | 学名·*Phragmipedium besseae*

形态特征: 地生植物。叶基生,长椭圆形,先端尖,基部抱茎,革质,暗绿色,叶长 13～30 cm,宽 2～5 cm。花茎直立,着花 1～6 朵,红色,花径 6～9 cm,萼片及合萼片长卵形,花瓣宽卵形,唇瓣兜状。花期春季,其他季节也可见花。

产地及生境: 产于厄瓜多尔及秘鲁。生于海拔 1000～1500 m 雨林中的山间溪流边。

本属概况: 本属 28 种,产于墨西哥、美洲中部及南部。

美洲兜兰

美洲兜兰属
Phragmipedium

学名·*Phragmipedium kovachii*
别名·长翼兰

形态特征： 地生兰，株高 25 ～ 45 cm。叶长椭圆形，先端尖，基部套叠，革质。花葶直立，着花 3 ～ 5 朵，花大，花径 25 ～ 40 cm。中萼片弯垂，长 13 cm，花瓣悬垂，长 20 cm 或更长，扭转。花期春季至夏季。

产地及生境： 产于秘鲁及玻利维亚。

哥伦比亚芦唇兰

美洲兜兰属
Phragmipedium

学名·*Phragmipedium schlimii*
别名·哥伦比亚美洲兜兰

形态特征： 地生兰，株高 20 ～ 35 cm。叶宽带形，叶 4 ～ 6 枚，革质，长 10 ～ 30 cm，绿色。花葶直立，花直径 4 ～ 6 cm，萼片及合萼片卵圆形，淡紫色，花瓣近白色，基部带有紫色及紫色斑点，唇瓣兜状。花期不定。

产地及生境： 产于哥伦比亚。

美洲兜兰属
Phragmipedium

学名·*Phragmipedium* Eumelia Arias

形态特征： 地生兰，株高 30～40 cm。叶狭长椭圆形，硬直，革质，先端尖。花葶直立，花粉红色，萼片及花瓣近相似，长卵圆形，唇瓣兜状。花期春季至夏季。

产地及生境： 园艺种。栽培的品种有'弗里兹'美洲兜兰 *Phragmipedium* Fritz Schomburg、'优雅'美洲兜兰 *Phragmipedium* Hanne Popow、'夜鹰'美洲兜兰 *Phragmipedium* Nighthawk。

◈ '弗里兹'美洲兜兰

◈ '弗里兹'美洲兜兰

◈ '优雅'美洲兜兰

◈ '夜鹰'美洲兜兰

鹅白毛兰

苹兰属 学名·*Pinalia stricta* / 异名·*Eria stricta*
Pinalia 别名·鹅白苹兰

形态特征： 根状茎不明显；假鳞茎密集着生，圆柱形，顶端稍膨大，顶生二枚叶。叶披针形或长圆状披针形，长 8 ~ 10 cm，宽 0.6 ~ 2 cm，先端急尖，基部狭窄。花序 1 ~ 3 个，从假鳞茎顶端叶内侧发出，密生多数花；萼片背面密被白色绵毛；中萼片卵形，侧萼片卵状三角形，花瓣卵形，唇瓣轮廓近圆形，3 浅裂；唇盘中央有一条自基部至中裂片先端的加厚带；蒴果纺锤状。花期 11 月至次年 2 月，果期 4 ~ 5 月。

产地及生境： 产于我国云南和西藏。生于海拔 800 ~ 1300 m 的山坡岩石上或山谷树干上。尼泊尔、印度和缅甸也有分布。

本属概况： 大约 160 种，从西北喜马拉雅山脉和印度东北部至中国，缅甸、老挝、越南、泰国、马来群岛、澳大利亚东北部和太平洋群岛均产；我国有 17 种，其中 6 种为特有。

陈氏独蒜兰

独蒜兰属
Pleione

学名·*Pleione chunii*

形态特征： 地生或附生草本。假鳞茎卵形至圆锥形，上端有明显的颈，绿色或浅绿色，有时有紫色斑，顶端具一枚叶。花葶直立，顶端具 1 花；花大，淡粉红色至玫瑰紫色，色泽通常向基部变浅，唇瓣中央具 1 条黄色或橘黄色条纹和多数同样色泽的流苏状毛；中萼片狭椭圆形或长圆状椭圆形，侧萼片斜椭圆形，花瓣倒披针形或匙形，强烈反折，唇瓣展开时宽扇形，近先端不明显三裂，先端微缺，上部边缘具齿或呈不规则啮蚀状，具 4 ～ 5 行沿脉而生的髯毛或流苏状毛。花期 3 月。

产地及生境： 产于我国广东、广西、贵州、湖北和云南。生于 1400 ～ 2800 m 的森林中。

本属概况： 全属约 26 种，主要产于我国秦岭山脉以南，西至喜马拉雅地区，南至缅甸、老挝和泰国的亚热带地区和热带凉爽地区。我国有 23 种，其中 12 种为特有。

美丽独蒜兰

独蒜兰属
Pleione

学名·*Pleione pleionoides*

形态特征： 地生或半附生草本。假鳞茎圆锥形，表面粗糙，顶端具一枚叶。叶在花期尚幼嫩，长成后椭圆状披针形，纸质，长14 ～ 20 cm，宽约 2.5 cm，先端急尖。花葶从无叶的老假鳞茎基部发出，直立，顶端具 1 花，稀为 2 花；花玫瑰紫色，唇瓣上具黄色褶片；中萼片狭椭圆形，侧萼片亦狭椭圆形，略斜歪，花瓣

倒披针形，多少镰刀状，唇瓣近菱形至倒卵形，上面具 2 或 4 条褶片。花期 6 月。

产地及生境： 产于我国湖北、贵州和四川。生于海拔 1700 ～ 2300 m 林下腐殖质丰富或苔藓覆盖的岩石上或岩壁上。

腋花兰属
Pleurothallis

学名·*Pleurothallis gargantua*

形态特征：地生兰。茎短。叶柄长，可达 20 cm 或更长，叶大，革质，心形。花由叶柄顶端抽生而出，花紫色，萼片盔状，合萼片与中萼片近等大，卵圆形，花瓣小，卵圆形，紫色，唇瓣极小，蕊柱黄色。

产地及生境：产于厄瓜多尔。生于海拔 1500～2500 m 的林中。

本属概况：本属约 557 种，产于墨西哥、美洲中部及南部、西印度群岛等地，安第斯山脉为分布中心。

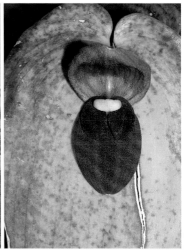

鹿角兰属
Pomatocalpa

学名·*Pomatocalpa undulatum* subsp. *acuminatum*
别名·台湾鹿角兰

形态特征：茎很短，压扁状圆柱形，具多数二列的叶。叶革质，带状，长 8～20 cm，宽 1.5～3 cm，先端钝并且不等侧二裂，基部具彼此套叠的鞘。花序粗壮，不分枝；花序轴密生许多近似伞形的花；花棕黄色，肉质，萼片相似，具 2 条红褐色的横带，近长圆形，花瓣近基部具红褐色斑块，镰状长圆形，唇瓣三裂；侧裂片棕黄色，小，直立，三角形，中裂片白色，宽三角形或半圆形，前部反折；距棕黄色，囊状，背腹压扁。花期 3～4 月。

产地及生境：产于我国台湾。生于海拔约 800 m 林中树干上。

本属概况：本属约 13 种，从印度到马来群岛，澳大利亚至斐济，北到喜马拉雅山及台湾。我国产 2 种。

羽蝶兰

小红门兰属
Ponerorchis

学名·*Orchis graminifolia*
别名·岩兰

形态特征： 多年生草本，株高 7～20 cm，具块茎。茎直立，圆柱状，叶互生于茎上，叶纤弱，草质，披针形，先端尖，基部抱茎。花序顶生，具多数花，花小，中萼片与花瓣抱合蕊柱，侧萼片直，半卵形，唇瓣大，三裂，裂片平展，花色不同品种差异较大。花期 6～8 月。

产地及生境： 产于日本。

本属概况： 本属约 20 种，从喜马拉雅穿过我国至朝鲜半岛及日本。我国有 13 种，其中 10 种为特有。

章鱼兰

章鱼兰属
Prosthechea

学名·*Prosthechea cochleata*
别名·扇贝兰

形态特征： 草本，假鳞茎扁椭圆形，顶生 2 枚叶，叶长椭圆形，先端尖，基部近对折。总状花序从假鳞茎抽出，唇瓣不倒置。萼片及花瓣黄绿色，宽披针形，唇瓣贝壳状，黄绿色至紫褐色。花期 4～5 月。

产地及生境： 产于中美洲、西印度群岛、哥伦比亚、委内瑞拉及佛罗里达州南部。

本属概况： 本属约 119 种，产于墨西哥至巴拉圭，以及佛罗里达及西印度群岛。

拟蝶唇兰属
Psychopsis

拟蝶唇兰

学名·*Psychopsis papilio* / 异名·*Oncidium papilio*
别名·魔鬼文心兰

形态特征： 附生兰。假鳞茎短小，叶顶生。叶厚革质，卵圆形，常具斑纹，背面暗褐色。花葶直立，由假鳞茎基部抽生而出，花单朵，少2朵。中萼片较小，侧萼片较大，花瓣细狭，上面均具暗红色横纹。唇瓣卵圆形，边缘暗红色，中间黄色。花期不定。

产地及生境： 园艺种。栽培的品种有'黄花'拟蝶唇兰 *Psychopsis papilio* 'Alba'。

本属概况： 本属5种，产于中南美洲及特立尼达。

◆ '黄花'拟蝶唇兰

◆ '黄花'拟蝶唇兰

◆ '黄花'拟蝶唇兰

火焰兰属
Renanthera

学名·*Renanthera citrina* / 异名·*Renanthera sinica*
别名·中华火焰兰

形态特征： 攀援，茎长 20 ～ 80 cm。叶二列，叶片狭椭圆形，长 7 ～ 10 cm，宽 0.9 ～ 1.1 cm，厚革质，先端不等侧二裂。花序在茎上部腋生，疏生 5 ～ 10 朵花。花淡黄色，上疏生有紫红色斑点。中萼片长圆形，侧萼片近似中萼片，常扭曲，花瓣线形，唇瓣三裂，侧裂片直立，卵状披针形，中裂片近圆形。花期 4 ～ 5 月。

产地及生境： 产于我国云南。生于海拔 500 ～ 800 m 的山谷中的岩石或树干上。

本属概况： 约 19 种，产于我国、印度、菲律宾、马来西亚、印度尼西亚、新几内亚及所罗门群岛，我国有 3 种。

火焰兰属
Renanthera

学名·*Renanthera coccinea*

形态特征： 茎攀援，粗壮，质地坚硬，圆柱形，长 1 m 以上，通常不分枝。叶二列，斜立或近水平伸展，舌形或长圆形，长 7 ～ 8 cm，宽 1.5 ～ 3.3 cm，先端稍不等侧 2 圆裂，基部抱茎。花序与叶对生，常 3 ～ 4 个，长达 1 m，常具数个分枝，圆锥花序或总状花序疏生多数花；花火红色，开展；中萼片狭匙形，侧萼片长圆形，花瓣相似于中萼片而较小，先端近圆形，边缘内侧具橘黄色斑点；唇瓣三裂；侧裂片直立，近半圆形或方形，中裂片卵形；距圆锥形。花期 4 ～ 6 月。

产地及生境： 产于我国海南、广西。生于海拔达 200 ～ 1400 m 的沟边林缘、疏林中树干上和岩石上。分布于缅甸、泰国、老挝、越南。

火焰兰属
Renanthera

学名·*Renanthera imschootiana*

形态特征： 茎长达 1 m，具多数彼此紧靠而二列的叶。叶革质，长圆形，长 6 ～ 8 cm，宽 1.3 ～ 2.5 cm，先端稍斜 2 圆裂。花序腋生，长达 1 m，具分枝，总状花序或圆锥花序具多数花；花开展；中萼片黄色，近匙状倒披针形，侧裂片内面红色，背面草黄色，斜椭圆状卵形；花瓣黄色带红色斑点，狭匙形，唇瓣三裂；侧裂片红色，直立，三角形，中裂片卵形，深红色，反卷；距黄色带红色末端。花期 5 月。

产地及生境： 产于我国云南。生于海拔 500 m 以下的河谷林中树干上。分布于越南、印度及缅甸。

豹斑火焰兰

火焰兰属
Renanthera

学名·*Renanthera monachica*

形态特征： 附生兰。具多数彼此紧靠而二列的叶，革质，宽披针形。花序腋生，总状花序具多花。花开展。萼片及花瓣黄色，上具红色斑点，唇瓣小。花期冬季至次年春季。

产地及生境： 产于菲律宾的吕宋岛。生于海拔 500 m 以下的林中树干上。

「麒麟」火焰兰

火焰兰属
Renanthera

学名·*Renanthera* Tom Thumb 'Qi Lin'

形态特征： 附生。具彼此紧靠而二列的叶，革质，宽披针形。花序腋生，总状花序，具多数花。花浅黄色，上具红色斑点。唇瓣小，黄色，具红色斑点。花期春季。

产地及生境： 栽培种。

血红甲虫兰

甲虫兰属
Restrepia

学名·*Restrepia sanguinea*
异名·*Pleurothallis antioquiensis*

形态特征： 附生兰。假鳞茎圆柱形，具节，顶生一枚叶。叶长卵形，革质，全缘。花顶生，红色，上有黄色脉纹。中萼片直立，长三角形，合萼片长卵形，先端二裂，花瓣线形，与中萼片近等长，唇瓣较小，舌状。花期夏季。

产地及生境： 产于委内瑞拉。生于海拔 1500 ～ 2800 m 的山地森林中。

本属概况： 本属约 53 种，产于中南美洲以墨西哥南部，主产于高海拔凉爽、潮湿的安第斯山脉及委内瑞拉的山地森林中。

大猪哥

喙果兰属
Rhyncholaelia

学名·*Rhyncholaelia digbyana* / 异名·*Cattleya digbyana*、*Brassavola digbyana*
别名·猪哥喙丽兰

形态特征： 附生兰，株高 20 ～ 30 cm。假鳞茎棍棒形，顶生一枚叶。叶长椭圆形，革质，先端尖，幼叶基部对折，老叶近平展。花顶生，花淡黄绿色或近白色，萼片及花瓣近相似，长椭圆形，唇瓣大，不明显三裂，侧裂片环抱蕊柱，中裂片伸展，裂中具有白色长流苏，具芳香。花期夏季至秋季。

产地及生境： 产于墨西哥、伯利兹、哥斯达黎加、危地马拉、洪都拉斯等地。生于阳光充足的地方。

本属概况： 本属 2 种，产于墨西哥、危地马拉、伯利兹及洪都拉斯。

钻喙兰属
Rhynchostylis

学名·*Rhynchostylis gigantea*

形态特征： 茎直立，粗壮，具数节，不分枝，具多数二列的叶。叶肉质，彼此紧靠，宽带状，外弯，先端钝并且不等侧 2 圆裂。花序腋生，下垂，2～4 个；花序轴粗厚，密生许多花；花白色带紫红色斑点，开展；萼片近相似，椭圆状长圆形，花瓣长圆形，唇瓣肉质，深紫红色，近倒卵形，上部三裂；侧裂片圆形，直立，中裂片比侧裂片小得多，唇盘稍有疣状突起；距狭圆锥形，劲直或稍向前弯曲。花期 1～4 月，果期 2～6 月。

产地及生境： 产于我国海南。生于海拔约 1000 m 的山地疏林中树干上。分布于越南、老挝、柬埔寨、缅甸、泰国、马来西亚、新加坡及印度尼西亚。

本属概况： 约 3～4 种，产于我国、菲律宾、斯里兰卡、印度至东南亚。我国有 2 种。

钻喙兰属
Rhynchostylis

学名·*Rhynchostylis retusa*

钻喙兰

形态特征： 茎直立或斜立，不分枝，具少数至多数节。叶肉质，二列，彼此紧靠，外弯，宽带状，长 20～40 cm，宽 2～4 cm，先端不等侧 2 圆裂。花序腋生，1～3 个，不分枝，常下垂；花序轴密生许多花；花白色而密布紫色斑点，开展，纸质；中萼片椭圆形，侧萼片斜长圆形，花瓣狭长圆形，唇瓣后唇囊状，两侧压扁，前唇朝上，中部以上紫色，中部以下白色，常两侧对折，前端不明显三裂，基部具 4 条脊突。蒴果。花期 5～6 月，果期 5～7 月。

产地及生境： 产于我国贵州和云南。生于海拔 300～1500 m 的疏林中或林缘树干上。广布于亚洲热带地区，从斯里兰卡、印度到热带喜马拉雅经老挝、越南、柬埔寨、马来西亚至印度尼西亚和菲律宾。

寄树兰属 | 学名·*Robiquetia succisa*
Robiquetia | 别名·小叶寄树兰、截叶陆宾兰

寄树兰

形态特征：茎坚硬，圆柱形，长达 1 m。叶二列，长圆形，长 6 ～ 12 cm，宽 1.5 ～ 2.5 cm，先端近截头状并且啮蚀状缺刻。花序与叶对生，常分枝，圆锥花序密生许多小花；花不甚开放，萼片和花瓣淡黄色或黄绿色，中萼片宽卵形，凹的，侧萼片斜宽卵形，与中萼片等大；花瓣较

小，宽倒卵形，先端钝；唇瓣白色，三裂；侧裂片直立，耳状，中裂片肉质，狭长圆形，两侧压扁，中央具 2 条合生的高脊突；距黄绿色。花期 6 ～ 9 月，果期 7 ～ 11 月。

产地及生境：产于我国福建、广东、香港、海南、广西和云南。生于海拔 500 ～ 1200 m 的疏林中树干上或山崖石壁上。分布于不丹、印度、缅甸、泰国、老挝、柬埔寨和越南。

本属概况：本属约 40 种，分布于东南亚至澳大利亚和太平洋岛屿。我国有 2 种。

凹萼兰属 | 学名·*Rodriguezia venusta*
Rodriguezia | 异名·*Burlingtonia venusta*

白茹氏

形态特征：附生兰，株高 10 ～ 20 cm。假鳞茎卵圆形。叶长椭圆形，先端尖。总状花序，悬垂。花白色，中萼片长卵形，侧裂片及花瓣长椭圆形，边缘波状，唇瓣大，卵形，基部黄色，花径 2.5 ～ 3.5 cm。花期夏季。

产地及生境：产于哥伦比亚、厄瓜多尔、巴西及秘鲁。

本属概况：本属约 50 种，产于热带美洲及墨西哥南部以及阿根廷迎风的群岛上。

罗斯兰属
Rossioglossum

学名·*Rossioglossum* Rawdon Jester

形态特征： 附生。假鳞茎圆球形，顶生二枚叶。叶长椭圆形，先端尖，基部渐狭。花序由假鳞茎底部抽生而出，着花3～5朵，花大，萼片近相似，宽披针形，黄色，上具褐色纵纹或斑块，花瓣较宽，上部黄色，底部褐色。唇瓣狼形，浅黄色，上有褐色斑点。花期春季至夏季。

产地及生境： 园艺种。

本属概况： 本属9种，产于美洲。

匙唇兰属
Schoenorchis

学名·*Schoenorchis gemmata*
别名·海南匙唇兰

形态特征： 茎质地稍硬，下垂，通常弧曲状下弯，稍扁圆柱形。叶扁平，伸展，对折呈狭镰刀状或半圆柱状向外下弯，先端钝并且2～3小裂。圆锥花序从叶腋发出，比叶长或多少等长，密生许多小花；花不甚开展；中萼片紫红色，卵形，侧萼片紫红色，近唇瓣的一侧边缘白色，稍斜卵形；花瓣紫红色，倒卵状楔形，唇瓣匙形，三裂；侧裂片紫红色，半卵形，中裂片白色，厚肉质，匙形；距紫红色，圆锥形。花期3～6月，果期4～7月。

产地及生境： 产于我国福建、香港、海南、广西、云南和西藏。生于海拔200～2000 m的山地林中树干上。分布于尼泊尔、不丹、柬埔寨、印度、缅甸、泰国、老挝及越南。

本属概况： 本属约24种，分布于热带亚洲至澳大利亚和太平洋岛屿。我国有3种。

圆叶匙唇兰

匙唇兰属
Schoenorchis | 学名·*Schoenorchis tixieri*

形态特征： 植株矮小，茎很短，不明显。叶质地厚，表面黑绿色，具皱纹，扁平，长圆形或椭圆形，先端钝并且不等侧二裂。总状花序下垂，密集许多小花；花稍肉质，不甚伸展，萼片洋红色；中萼片卵形，侧萼片斜倒卵形，花瓣中部以下白色，上部洋红色，卵形，唇瓣三裂，分前后两部分；后部为侧裂片，直立，较大，半圆形，前部为中裂片，厚肉质，翘起；距囊状。

产地及生境： 产于我国云南。生于海拔 900 ～ 1400 m 的山地林缘树干上。越南也有分布。

萼脊兰

萼脊兰属
Sedirea | 学名·*Sedirea japonica*

形态特征： 茎长约 1 cm。叶 4 ～ 6 枚，长圆形或倒卵状披针形，长 6 ～ 13 cm，宽 2.5 cm，先端钝并且稍不等侧二裂，基部具关节和鞘。总状花序下垂，疏生 6 朵花；花具橘子香气，萼片和花瓣白绿色；萼片长圆形，侧萼片比中萼片稍窄，花瓣长圆状舌形，唇瓣三裂；侧裂片很小，近三角形，边缘紫丁香色；中裂片大，匙形。花期 6 月。

产地及生境： 产于我国浙江、云南。生于海拔 600 ～ 1400 m 的疏林中树干上或山谷崖壁上。也见于日本（琉球群岛）、朝鲜半岛南部。

本属概况： 本属 2 种。分布于我国、日本和朝鲜半岛南部。我国 2 种均产，其中 1 种为特有。

举喙兰属
Seidenfadenia

学名·*Seidenfadenia mitrata* / 异名·*Aerides mitrata*

别名·僧帽举喙兰、棒叶举喙兰、棒叶指甲兰

形态特征： 附生草本。具长而粗壮的根。茎短。叶二列，扁平，近棒状，稍肉质，长达1 m。总状花序，具多数花，花小，萼片近相似，卵圆形，白色或带粉色，花瓣长椭圆形，较萼片小，白色或带粉色，唇瓣三裂，侧裂片直立，中裂片舌状，紫色，具香气。花期春季。

产地及生境： 产于泰国及缅甸。生于海拔100～800 m的林中。

本属概况： 本属只1种，分布于泰国及缅甸。

盖喉兰属
Smitinandia

学名·*Smitinandia micrantha*

形态特征： 茎近直立，扁圆柱形。叶稍肉质，狭长圆形，长9.5～11 cm，宽1.4～2 cm，先端钝并且不等侧二裂。总状花序1～2个，与叶对生，向外伸展而然后下弯；花序轴密生许多小花；花开展，萼片和花瓣白色带紫红色先端；中裂片近倒卵形，侧裂片稍斜卵状三角形，花瓣狭长圆形，唇瓣三裂；侧裂片直立，近方形，前半部紫红色，后半部白色；中裂片紫红色带白色先端，倒卵状匙形；距白色。花期4月。

产地及生境： 产于我国云南。生于海拔约600 m的山地林中树干上。从热带喜马拉雅经印度东北部、缅甸、泰国、越南、老挝、柬埔寨到马来西亚都有分布。

本属概况： 本属约3种，分布于东南亚，经中南半岛地区至喜马拉雅。我国仅见1种。

折叶兰属
Sobralia

学名·*Sobralia virginalis*

形态特征： 多年生草本，株高 60 ～ 90 cm。茎纤细，芦苇状。叶互生于茎上，长椭圆形，先端渐尖，基部渐狭抱茎，上具数条平行脉。花着生于茎顶，单花，花白色，花瓣及萼片近相似，长椭圆形，唇瓣外部白色，基部黄色。花径 10 cm。花期春季至夏季。

产地及生境： 产于哥伦比亚。

本属概况： 本属约 150 种，产于墨西哥及中南美洲。生于海拔 2700 m 以下的潮湿森林中。

苞舌兰属
Spathoglottis

学名·*Spathoglottis plicata*

形态特征： 植株高达 1 m。假鳞茎卵状圆锥形，具 3 ～ 5 枚叶。叶质地薄，淡绿色，狭长，长 30 ～ 80 cm，宽 5 ～ 7 cm，先端渐尖或急尖，基部收狭为长柄，具折扇状的脉。总状花序，具约 10 朵花；花紫色；中萼片卵形，凹陷，侧萼片斜卵形，与中萼片等大；花瓣近椭圆形，比萼片大，先端锐尖；唇瓣贴生于蕊柱基部，三裂；侧裂片直立，狭长，中裂片具长爪。花期常在夏季。

产地及生境： 产于我国台湾地区。常见于山坡草丛中。广泛分布从琉球群岛经菲律宾、越南、泰国、马来西亚、斯里兰卡、印度南部、印度尼西亚、新几内亚岛到澳大利亚和太平洋一些群岛。

本属概况： 全属约 46 种，分布于热带亚洲至澳大利亚和太平洋岛屿。我国有 3 种。

奇唇兰属 学名·*Stanhopea tigrina*
Stanhopea 别名·虎斑奇唇兰

形态特征： 附生兰。假鳞茎卵形，顶生一枚叶。叶椭圆形，先端尖，基部渐狭成柄。花大，花径 20 cm，花黄白色，上有紫色斑块或斑点，萼片近相似，椭圆形，花瓣较萼片狭小，唇瓣黄绿色带有细小紫色斑点。花期夏季至秋季。

产地及生境： 产于墨西哥。产于海拔 1100 m 以下森林中。

本属概况： 本属约 69 种，产于墨西哥至阿根廷，产于潮湿的森林中，附生，有少量陆生。

微柱兰属 学名·*Stelis nexipous*
Stelis

形态特征： 附生兰。假鳞茎细圆柱形，顶生一枚叶。叶长椭圆形，先端钝，二裂，基部渐狭成柄。花茎与叶近等长，从茎基部发出，花紫褐色。花期春季。

产地及生境： 产于厄瓜多尔及秘鲁。

本属概况： 本属

约 887 种，产于美洲中南部，墨西哥、西印度群岛及佛罗里达。

坚唇兰属
Stereochilus

学名 · *Stereochilus dalatensis*
异名 · *Sarcanthus dalatensis*

坚唇兰

形态特征: 附生草本。茎高 10 cm。叶可达 12 片，二列，暗绿色，长圆状椭圆形，长 5 cm，宽 0.5 cm，截面 "V" 形，肉质，先端圆。花序腋生，生于茎的上部，着花可多达 8 朵或更多，花白色至淡紫色，唇瓣淡紫色。萼片长圆状椭圆形，花瓣匙形，唇瓣舌状。花期春季。

产地及生境: 产于我国云南，泰国及越南也有分布。

本属概况: 本属有 6 种，产于我国、不丹、印度、缅甸、泰国及越南，我国有 2 种。

垂心兰属
Sudamerlycaste

学名 · *Sudamerlycaste locusta* / 异名 · *Ida locusta*
别名 · 飞蝗艾达兰

飞蝗垂心兰

形态特征: 附生兰。假鳞茎卵圆形，具棱。叶顶生，叶大，折扇状，先端尖，基部渐狭成柄。花葶直立，从假鳞茎基部发出，单花，绿色，萼片近等大，椭圆形，花瓣狭，唇瓣三裂，侧裂片小，直立，中裂片卵形，边缘具白色流，蕊柱白色。花期秋季。

产地及生境: 产于秘鲁，生于海拔 2000 ～ 3000 m 的岩石上。

本属概况: 本属 46 种，产于南美洲及加勒比群岛，附生或地生。

大苞兰属

学名·*Sunipia scariosa*

形态特征：根状茎粗壮，在每相距 4 cm 处生 1 个假鳞茎。假鳞茎卵形或斜卵形，顶生一枚叶。叶革质，长圆形，长 12～16.5 cm，宽约 2 cm，先端钝并且稍凹入，基部收狭为柄。花葶出自假鳞茎的基部，总状花序弯垂，具多数花；花小，被包藏于花苞片内，淡黄色；中萼片卵形，凹的，侧萼片斜卵形，呈 "V" 字形对折，花瓣斜卵形，唇瓣肉质，舌形。花期 3～4 月。

产地及生境：产于我国云南。生于海拔 800～2500 m 的山地疏林中树干上。分布于尼泊尔、印度、缅甸、泰国、越南。

本属概况：本属约 20 种，分布于印度、尼泊尔、缅甸、泰国和越南。我国有 11 种，其中 1 种为特有。

带叶兰属

学名·*Taeniophyllum pusillum*
异名·*Taeniophyllum obtusum*

形态特征：根簇生，茎几无。总状花序通常直立，具 1～3 朵花；花稍肉质，开展；萼片和花瓣黄色，离生；中萼片凹的，卵形，侧萼片相似于中萼片，花瓣长圆形，唇瓣白色，兜状，宽卵状三角形；距圆筒形，稍背腹压扁。花期 3 月，果期 4～5 月。

产地及生境：产于我国云南。生于海拔 700～1200 m 的山地林缘树干上。分布于柬埔寨、新加坡、越南、泰国、马来西亚和印度尼西亚。

本属概况：本属 120～180 种之间，主要分布于热带亚洲和大洋洲，向北到达我国南部和日本，我国有 3 种，其中 1 种为特有。

带唇兰属
Tainia

学名·*Tainia hongkongensis*
别名·香港安兰

左侧竖排标题：香港带唇兰

形态特征： 假鳞茎卵球形，顶生一枚叶。叶长椭圆形，长约 26 cm，中部宽 3 ～ 4 cm，先端渐尖，基部渐狭为柄。花葶出自假鳞茎的基部，直立，不分枝，总状花序疏生数朵花；花黄绿色带紫褐色斑点和条纹；萼片相似，长圆状披针形，侧萼片花瓣倒卵状披针形，与萼片近等大，唇瓣白色带黄绿色条纹，倒卵形，不裂，唇盘具 3 条狭的褶片；基部具距，距近长圆形。花期 4 ～ 5 月。

产地及生境： 产于我国福建、广东和香港。通常生于海拔 100 ～ 500 m 的山坡林下或山间路旁。越南也有分布。

本属概况： 全属约 32 种，分布从热带喜马拉雅东至日本南部，南至东南亚和其邻近岛屿。我国有 13 种，其中 2 种为特有。

白点兰属
Thrixspermum

学名·*Thrixspermum centipeda*

形态特征： 茎斜立或下垂，粗壮，质地硬，多少扁圆柱形，具多数节。叶二列互生，稍肉质，长圆形，长 6 ～ 24 cm，宽 1 ～ 2.5 cm，先端钝并且不等侧二裂，基部楔形收狭。花序单一或成对与叶对生，常数个，花序轴仅生有少数花；花白色或奶黄色，后变为黄色，质地厚，不甚开展，寿命约 3 天；中萼片狭镰刀状披针形，侧萼片相似于中萼片花瓣狭镰刀状披针形，比萼片小，唇瓣三裂；侧裂片半卵形，直立，中裂片两侧对折呈狭圆锥形。花期 6 ～ 7 月。

产地及生境： 产于我国海南、香港、广西和云南。通常生于海拔 100 ～ 1200 m 的山地林中树干上。分布于不丹、印度、缅甸、泰国、老挝、柬埔寨、越南、马来西亚和印度尼西亚。

本属概况： 本属约 100 种，产于斯里兰卡和喜马拉雅地区的东太平洋岛屿，苏门答腊岛为中心。我国产 14 种，其中 2 种为特有。

笋兰属
Thunia | 学名·*Thunia alba*

形态特征： 地生或附生草本，高 30～55 cm。茎直立，较粗壮，圆柱形，通常具 10 余枚互生叶。叶薄纸质，狭椭圆形或狭椭圆状披针形，长 10～20 cm，宽 2.5～5 cm，先端长渐尖或渐尖。总状花序具 2～7 朵花；花大，白色，唇瓣黄色而有橙色或栗色斑和条纹，仅边缘白色；萼片狭长圆形，花瓣与萼片近等长，唇瓣宽卵状长圆形或宽长圆形，几不裂，上部边缘皱波状，有不规则流苏或呈啮蚀状；唇盘上部有 5～6 枚褶片，褶片不规则裂成短流苏。蒴果椭圆形。花期 6 月。

产地及生境： 产于我国四川、云南和西藏。生于海拔 1200～2300 m 的林下岩石上或树杈凹处，也见于多石地上。不丹、尼泊尔、印度、缅甸、越南、泰国、马来西亚和印度尼西亚也有分布。

本属概况： 全属约 6 种，产于我国、东南亚、不丹、印度及尼泊尔，我国产 1 种。

美洲三角兰属
Trigonidium | 学名·*Trigonidium egertonianum*

形态特征： 附生兰。假鳞茎卵形，具棱。叶顶生，带形，先端尖，基部对折。花茎直立或外倾，着花 1 朵，花黄褐色，萼片近相似，三角形，上有深褐色脉纹，花瓣小，三角形，顶端具褐色斑点。花期春季。

产地及生境： 产于中南美洲低海拔地区。

本属概况： 本属 13 种，产于墨西哥至巴西。

（侧栏）笋兰

爱格坦美洲三角兰

第二部分 栽培原种属

273

毛舌兰属
Trichoglottis | 学名·*Trichoglottis latisepala*

形态特征： 附生草本。茎悬垂，具多数节。叶二列，稍肉质，狭窄，先端尖，基部具关节和抱茎的鞘。花序侧生，具数朵花；花小，开展，萼片相似，花瓣比萼片稍小，淡粉色；唇瓣肉质，三裂，侧裂片直立；中裂片基部囊状。花期冬季。

产地及生境： 产于菲律宾。

本属概况： 本属约 55 ～ 60 种，分布于东南亚、新几内亚岛、澳大利亚和太平洋岛屿，向西到达斯里兰卡，向北到达我国南部。我国有 2 种，其中 1 种为特有。

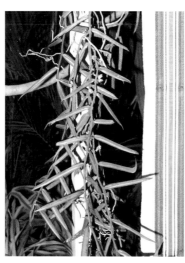

毛足兰属
Trichopilia | 学名·*Trichopilia suavis*
别名·毛药兰

形态特征： 附生兰。假鳞茎卵形，顶生一枚叶。叶椭圆形，革质，株高 20 ～ 25 cm。总状花序，花瓣及萼片近相似，长椭圆形，上具淡紫色斑点，唇瓣三裂，侧裂片环抱蕊柱，中裂片卵形，白色，上有紫色斑块。花期春至冬。

产地及生境： 产于哥斯达黎加、巴拿马及哥伦比亚。

本属概况： 本属约 44 种，产于墨西哥、中南美洲及西印度群岛。

白柱万代兰

万代兰属
Vanda

学名·*Vanda brunnea*
别名·白花万代兰

形态特征： 茎长约 15 cm，具多数短的节间和多数二列而披散的叶。叶带状，通常长 22 ～ 25 cm，宽约 2.5 cm，先端具 2 ～ 3 个不整齐的尖齿状缺刻。花序出自叶腋，1 ～ 3 个，不分枝，疏生 3 ～ 5 朵花；花质地厚，萼片和花瓣多少反折，背面白色，正面黄绿色或黄褐色带紫褐色网格纹，边缘多少波状；萼片近等大，倒卵形；花瓣相似于萼片而较小；唇瓣三裂；侧裂片白色，直立，圆耳状或半圆形，中裂片除基部白色和基部两侧具 2 条褐红色条纹外，其余黄绿色或浅褐色，提琴形，先端 2 圆裂；距白色，短圆锥形。花期 3 月。

产地及生境： 产于我国云南。生于海拔 800 ～ 2000 m 的疏林中或林缘树干上。分布于缅甸、泰国及越南。

本属概况： 本属约 40 种，分布于我国和亚洲其他热带地区。我国有 10 种，其中 1 种为特有。

万代兰属
Vanda

学名·*Vanda coerulescens*

形态特征： 茎长 2 ～ 8 cm 或更长。叶多少肉质，二列，斜立，带状，常"V"字形对折，长 7 ～ 12 cm，宽约 1 cm，先端斜截形并且具不整齐的缺刻。花序近直立，不分枝；花序轴疏生许多花；花中等大，伸展，萼片和花瓣淡蓝色或白色带淡蓝色晕；萼片近相似，倒卵形或匙形，花瓣倒卵形，唇瓣深蓝色，三裂；侧裂片直立，中裂片楔状倒卵形；距短而狭，伸直或稍向前弯。花期 3 ～ 4 月。

产地及生境： 产于我国云南。生于海拔 300 ～ 1600 m 的疏林中树干上。印度、缅甸、泰国也有分布。

万代兰属
Vanda

琴唇万代兰

学名·*Vanda concolor*

形态特征： 茎长 4～13 cm 或更长，具多数二列的叶。叶革质，带状，长 20～30 cm，宽 1～3 cm，中部以下常"V"字形对折，先端具 2～3 个不等长的尖齿状缺刻。花序 1～3 个，通常疏生 4 朵以上的花；花中等大，具香气，萼片和花瓣在背面白色，正面黄褐色带黄色花纹，但不成网格状；萼片相似，长圆状倒卵形，花瓣近匙形，先端圆形，唇瓣三裂；侧裂片白色，内面具许多紫色斑点，中裂片中部以上黄褐色，中部以下黄色，提琴形，近先端处缢缩，先端扩大并且稍 2 圆裂，上面具 5～6 条有小疣状突起的黄色脊突；距白色，细圆筒状。花期 4～5 月。

产地及生境： 产于我国广东、广西、贵州和云南。生于海拔 700～1600 m 的山地林缘树干上或岩壁上。越南也有分布。

万代兰属
Vanda

学名·*Vanda cristata*

形态特征：茎直立，具数枚紧靠的叶。叶厚革质，二列，斜立而向外弯，带状，中部以下多少 "V" 字形对折，长达 12 cm，宽约 1.3 cm，先端斜截并且具 3 个细尖的齿。花序腋生，直立，2～3 个，具 1～2 朵花；花无香气，开展，质地厚；萼片和花瓣黄绿色，向前伸展；中萼片长圆状匙形，侧萼片披针形，花瓣镰状长圆形，唇瓣比萼片长，三裂；侧裂片卵状三角形，中裂片近琴形，上面白色带污紫色纵条纹，先端叉状 2 深裂。花期 5 月。

产地及生境：产于我国云南和西藏。生于海拔 700～1700 m 的常绿阔叶林中树干上。分布于不丹、印度、尼泊尔及缅甸。

矮万代兰

万代兰属
Vanda

学名·*Vanda pumila*

形态特征： 茎短或伸长，常弧曲上举，具多数二列的叶。叶稍肉质或厚革质，带状，外弯，中部以下常"V"字形对折，长8～18 cm，宽1～1.9 cm，先端稍斜截并且具不规则的2～3个尖齿。花序1～2个，疏生1～3朵花；花向外伸展，具香气，萼片和花瓣奶黄色，无明显的网格纹；中萼片向前倾，近长圆形，侧萼片向前伸并且围抱唇瓣中裂片，稍斜卵形，花瓣长圆形，唇瓣厚肉质，三裂；侧裂片直立，背面奶黄色，内面紫红色，卵形，中裂片舌形或卵形，凹的，上面奶黄色带8～9条紫红色纵条纹。花期3～5月。

产地及生境： 产于我国海南、广西和云南。生于海拔500～1800 m的山地林中树干上。分布于热带喜马拉雅的西北部、尼泊尔、不丹、印度、缅甸、老挝、越南和泰国。

纯色万代兰

万代兰属
Vanda

学名·*Vanda subconcolor*

形态特征： 茎粗壮，具多数二列的叶。叶稍肉质，带状，中部以下"V"字形对折，向外弯垂，长14～20 cm，宽约2 cm，先端具2～3个不等长的尖齿状的缺刻。花序不分枝，疏生3～6朵花；花质地厚，伸展，萼片和花瓣在背面白色，正面黄褐色，具明显的网格状脉纹；中萼片倒卵状匙形，侧萼片菱状椭圆形，花瓣相似于中萼片，但较小；唇瓣白色，三裂；侧裂片内面密被紫色斑点，直立，卵状三角形，中裂片卵形，中部以上缢缩而在先端扩大，先端黄褐色，稍凹，上面具4～6条紫褐色条纹；距圆锥形。花期2～3月。

产地及生境： 产于我国海南和云南。生于海拔600～1000 m的疏林中树干上。

万代兰属

Vanda

学名 · *Vanda hybrida*

形态特征： 附生草本。茎直立或斜立，少有弧曲上举的，质地坚硬，具短的节间或多数叶，下部节上有发达的气根。叶扁平，常狭带状，二列，彼此紧靠，先端具不整齐的缺刻或啮蚀状，中部以下常多少对折呈"V"字形。总状花序从叶腋发出，斜立或近直立，疏生少数至多数花，花大或中等大，艳丽；萼片和花瓣近似；唇瓣贴生在不明显的蕊柱足末端，三裂；距内或囊内无附属物和隔膜。

产地及生境： 园艺种。栽培的品种有 *Vanda* Dr. Anek x Golamgo Blue Magic、'阿涅博士'万代兰 *Vanda* Dr. Anek、'三亚'万代兰 *Vanda* Gordon Dillon 'Sanya'、*Vanda* Keeree × Chindavat、'思慕'万代兰 *Vanda lameilata × insignes*、*Vanda* Motes Butterscoth × Charless Goodfellow、'蓝墨水'万代兰 *Vanda* Robert's Delight Ink Blue、*Vanda* Velthuis × Gordon Dillon。

◆ '思慕'万代兰

◆ *Vanda* Motes Butterscoth × Charless Goodfellow

◆ '蓝墨水'万代兰

◆ *Vanda* Velthuis × Gordon Dillon

◆ *Vanda* Velthuis × Gordon Dillon

左侧竖排：杂交万代兰

◆ '阿涅博士'万代兰

◆ '亚'万代兰

◆ *Vanda* Dr. Anek x Golamgo Blue Magic

◆ *Vanda* Keeree x Chindavat

◆ 万代兰

◆ 万代兰

◆ 万代兰

拟万代兰属
Vandopsis

学名·*Vandopsis gigantea*

形态特征: 植株大型。茎质地坚硬,粗壮,具二列的叶。叶肉质,外弯,宽带形,长40～50 cm,宽5.5～7.5 cm,先端钝并且不等侧2圆裂。花序出自叶腋,常1～2个,总状花序下垂,密生多数花;花金黄色带红褐色斑点,肉质,中萼片近倒卵状长圆形,侧萼片近椭圆形,花瓣倒卵形,唇瓣较花瓣小,三裂;侧裂片具淡紫色斑点,斜立,近倒卵形,中裂片向前伸,狭长,中部以下淡紫色,中部以上淡黄色带淡紫色斑点。花期3～4月。

产地及生境: 产于我国广西、云南。生于海拔800～1700 m的山地林缘或疏林中,附生于大乔木树干上。老挝、越南、泰国、缅甸、马来西亚也有分布。

本属概况: 本属约5种,分布于我国至东南亚和新几内亚岛。我国有2种。

左侧竖排标题:拟万代兰

拟万代兰属
Vandopsis

学名·*Vandopsis undulata*

形态特征： 茎斜立或下垂，质地坚硬，圆柱形，具分枝，多节。叶革质，长圆形，长9～12 cm，宽 1.5～2.5 cm，先端钝并且稍不等侧二裂。花序通常具少数分枝，总状花序或圆锥花序疏生少数至多数花；花大，芳香，白色；中萼片斜立，近倒卵形，侧萼片稍反折而下弯，卵状披针形；花瓣稍反折，相似于萼片而较小，唇瓣比花瓣短，三裂；侧裂片内面褐红色带绿色，半卵状三角形，中裂片肉质，白色带淡粉红色。花期 5～6 月。

产地及生境： 产于我国云南和西藏。生于海拔 1500～2300 m 的林中大乔木树干上或山坡灌丛中岩石上。分布于尼泊尔、不丹和印度。

香荚兰属
Vanilla

学名 · *Vanilla planifolia*

形态特征： 攀援草本，长可达数米。茎稍肥厚或肉质，每节生 1 枚叶和 1 条气生根。叶大，肉质，椭圆形，绿色。总状花序生于叶腋，具数花，花较大，扭转，萼片与花瓣相似，离生，开展，黄绿色；唇瓣常呈喇叭状，前部不合生，三裂，黄绿色。果实为荚果状，肉质。花期春季。

产地及生境： 产于美洲及西印度群岛。

本属概况： 全属约 70 种，分布于全球热带地区。我国有 4 种，其中 2 种为特有。

文黄兰属
Zelenkoa

学名·*Zelenkoa onusta*
异名·*Oncidium onustum*

文黄兰

形态特征：附生兰。假鳞茎圆球形，顶生一枚叶。叶革质，椭圆形，先端尖，基部渐狭，对折。花序由假鳞茎底部抽生而出，直立，花金黄色，花径 2 cm。萼片小，卵圆形，先端尖，花瓣大，卵圆形，唇瓣三裂，裂片平展，侧裂片较小，斜长卵形，中裂片卵形，先端凹缺。花期夏季。

产地及生境：产于厄瓜多尔及秘鲁 25 ～ 1200 m 以下的林中。

本属概况：本属 1 种，产于巴拿马、哥伦比亚、厄瓜多尔及秘鲁。

轭瓣兰属 *Zygopetalum* | 学名·*Zygopetalum* Artur Elle

形态特征：附生兰。假鳞茎圆柱形。叶顶生，长椭圆形至圆状披针形，先端尖。总状花序，花大，萼片及花瓣椭圆形，绿色，上具紫色斑点，唇瓣卵形，紫色。花期春季。

产地及生境：园艺种。栽培的品种有'路易森'轭瓣兰 *Zygopetalum* Louisendorf、'莱茵小丑'轭瓣兰 *Zygopetalum* Rhein Clown。

本属概况：本属15种，产于巴西及南美洲，生于中海拔的潮湿森林中，大多为附生种类。

◆ '路易森'轭瓣兰

◆ '路易森'轭瓣兰

◆ '莱茵小丑'轭瓣兰

◆ '莱茵小丑'轭瓣兰

第三部分
野生原种属

无柱兰属
Amitostigma

学名・*Amitostigma gracile*
别名・细葶无柱兰、小雏兰

无柱兰

形态特征： 植株高 7 ～ 30 cm。块茎卵形或长圆状椭圆形，肉质。茎纤细，近基部具一枚大叶，在叶之上具 1 ～ 2 枚苞片状小叶。叶片狭长圆形、长圆形、椭圆状长圆形或卵状披针形，直立伸展，先端钝或急尖，基部收狭成抱茎的鞘。总状花序具 5 至 20 余朵花，偏向一侧；花小，粉红色或紫红色；中萼片直立，卵形，侧萼片斜卵形或基部渐狭呈倒卵形；花瓣斜椭圆形或卵形；唇瓣较萼片和花瓣大，轮廓为倒卵形，具距。花期 6 ～ 7 月，果期 9 ～ 10 月。

产地及生境： 产于我国辽宁、河北、陕西、山东、江苏、安徽、浙江、福建、台湾、河南、湖北、湖南、广西、四川和贵州。生于海拔 200 ～ 3000 m 的山坡沟谷边或林下阴湿处覆有土的岩石上或山坡灌丛下。朝鲜半岛和日本也有分布。

本属概况： 本属约 30 种，产于亚洲东部及相邻地区，我国有 22 种，其中 21 种为特有。

大花无柱兰

无柱兰属
Amitostigma

学名·*Amitostigma pinguiculum*

形态特征： 植株高 7 ～ 16 cm。块茎卵球形，肉质。茎纤细，直立，光滑，基部具 1 ～ 2 枚筒状鞘，近基部具一枚叶，在叶之上有 1 ～ 2 枚苞片状披针形的小叶。叶片线状倒披针形、舌状长圆形、狭椭圆形至长圆状卵形，先端稍尖，基部成抱茎的鞘。花序具 1 朵（极罕 2 朵）花；花苞片狭窄，线状披针形；花大，玫瑰红色或紫红色；花瓣斜卵形，直立，先端钝；唇瓣向前伸展，扇形，基部楔形，具爪，具距，前部三裂；距圆锥形，下垂，稍弯曲，向末端渐狭，末端尖。花期 4 ～ 5 月。

产地及生境： 产于我国浙江。生于海拔 250 ～ 400 m 的山坡林下覆有土的岩石上或沟边阴湿草地上。

无柱兰属
Amitostigma

学名·*Amitostigma simplex*

形态特征： 植株高 7～12 cm。块茎小，卵形或近球形，肉质。茎纤细，直立或近直立，圆柱形，无毛，基部具 1～2 枚筒状鞘，基部之上至中部具一枚叶。叶直立伸展，叶片线形，长 2～3.5 cm，宽 3～5 mm，先端急尖或钝，基部抱茎。花序仅具 1 朵花；花苞片披针形，先端渐尖；花黄色，无毛，直立；花瓣直立，斜卵形，先端钝；唇瓣外形为宽的倒卵形，3 深裂；距短，下垂，圆筒形，末端钝。花期 7～8 月。

产地及生境： 产于我国云南和四川。生于海拔 2300～4400 m 的山坡草地。

无柱兰属
Amitostigma

学名·*Amitostigma tibeticum*

形态特征: 植株高 6～8 cm。块茎小，椭圆形或圆球形，肉质。茎纤细，直立，光滑，基部具 1～2 枚筒状鞘，近基部具一枚叶。叶片披针形或倒披针状舌形，先端近急尖或稍钝，基部收狭成抱茎的鞘。花苞片长圆状披针形，先端近急尖；花单生于茎顶端，较大，近直立，深玫瑰红色或紫红色；萼片狭卵状长圆形，先端极钝；花瓣狭

卵形，偏斜，基部前侧边缘稍微增宽，先端钝；唇瓣向前伸展，轮廓为倒卵形或心形，基部宽楔形，具距，中部或中部以上三裂；距近圆筒状，下垂，向前弯曲。花期 8 月。

产地及生境： 产于我国云南和西藏。生于海拔 3660～4350 m 的高山潮湿草地中。

金线兰

开唇兰属 Anoectochilus

学名·*Anoectochilus roxburghii*
别名·花叶开唇兰

形态特征： 植株高 8～18 cm。根状茎匍匐，伸长，肉质，具节，节上生根。茎直立，圆柱形，具 2～4 枚叶。叶片卵圆形或卵形，上面暗紫色或黑紫色，具金红色带有绢丝光泽的美丽网脉，背面淡紫红色，先端近急尖或稍钝，基部近截形或圆形，骤狭成柄。总状花序具 2～6 朵花；花白色或淡红色，不倒置；花瓣质地薄，近镰刀状；唇瓣呈 "Y" 字形，基部具圆锥状距，前部扩大并二裂，其裂片近长圆形或近楔状长圆形，全缘，先端钝，中部收狭成长 4～5 的爪，其两侧各具 6～8 条长约 4～6 mm 的流苏状细裂条，距长 5～6 mm，上举指向唇瓣，末端 2 浅裂。花期 8～12 月。

产地及生境： 产于我国浙江、江西、福建、湖南、广东、海南、广西、四川、云南和西藏。生于海拔 50～1600 m 的常绿阔叶林下或沟谷阴湿处。日本、泰国、老挝、越南、印度、不丹至尼泊尔、孟加拉国也有分布。

本属概况： 本属大约 30 种，产于印度、喜马拉雅、南亚、东南亚、澳大利亚和西太平洋群岛。我国有 11 种，其中 7 种为特有。

广东石豆兰

石豆兰属
Bulbophyllum

学名·*Bulbophyllum kwangtungense*

形态特征: 根状茎粗约 2 mm，在每相隔 2 ～ 7 cm 处生 1 个假鳞茎。假鳞茎直立，圆柱状，顶生一枚叶。叶革质，长圆形，先端圆钝并且稍凹入。花葶 1 个，总状花序缩短呈伞状，具 2 ～ 7 朵花。花苞片狭披针形；花淡黄色；萼片离生，狭披针形，先端长渐尖，中部以上两侧边缘内卷，具 3 条脉；侧萼片比中萼片稍长；花瓣狭卵状披针形，逐渐向先端变狭，先端长渐尖；唇瓣肉质，狭披针形，向外伸展，先端钝，中部以下具凹槽，上面具 2 ～ 3 条小的龙骨脊，其在唇瓣中部以上汇合成 1 条粗厚的脊。花期 5 ～ 8 月。

产地及生境: 产于我国浙江、福建、江西、湖北、湖南、广东、香港、广西、贵州和云南。通常生于海拔约 800 m 的山坡林下岩石上。

本属概况: 本属约 1900 种，主产于新旧大陆热带地区，我国有 103 种，其中 33 种为特有。

石豆兰属
Bulbophyllum

学名·*Bulbophyllum odoratissimum*

密花石豆兰

形态特征：根状茎粗 2～4 mm，分枝，被筒状膜质鞘，在每相距 4～8 cm 处生 1 个假鳞茎。假鳞茎近圆柱形，直立，顶生一枚叶。叶革质，长圆形，先端钝并且稍凹入，基部收窄，近无柄。花葶淡黄绿色，从假鳞茎基部发出，1～2 个，直立。总状花序缩短呈伞状，常点垂，密生 10 余朵花；花稍有香气；萼片离生，质地较厚，披针形；花瓣白色，质地较薄，近卵形或椭圆形；唇瓣橘红色，肉质，舌形，稍向外下弯，先端钝。花期 4～8 月。

产地及生境：产于我国福建、广东、香港、广西、四川、云南、西藏。生于海拔 200～2300 m 的混交林中树干上或山谷岩石上。分布于尼泊尔、不丹、印度东北部、缅甸、泰国、老挝和越南。

石豆兰属
Bulbophyllum

学名 · *Bulbophyllum omerandrum*

形态特征： 根状茎匍匐，粗约 2 mm。根出自生有假鳞茎的根状茎节上。假鳞茎卵状球形，顶生一枚叶。叶厚革质，长圆形，先端钝并且稍凹入。花葶从假鳞茎基部抽出，直立，伞形花序具 1 ～ 3 朵花；花苞片卵形、舟状；花黄色；中萼片卵形，先端稍钝并且具 2 ～ 3 条髯毛，边缘全缘；侧萼片披针形；花瓣卵状三角形，先端紫褐色、钝并且具细尖，中部以上边缘具流苏，近先端处尤甚，具 3 条脉；唇瓣肉质，舌形，长约 7 mm，向外下弯。花期 3 ～ 4 月。

产地及生境： 产于我国台湾、福建、浙江、湖北、湖南、广东和广西。生于海拔 1000 ～ 1850 m 的山地林中树干上或沟谷岩石上。

虾脊兰属
Calanthe

学名·*Calanthe alpina*

流苏虾脊兰

形态特征：植株高达 50 cm。假鳞茎短小，狭圆锥状，粗约 7 mm。叶 3 枚，在花期全部展开，椭圆形或倒卵状椭圆形，两面无毛。花葶从叶间抽出，通常 1 个，偶尔 2 个，直立，高出叶层之外；总状花序疏生 3 至 10 余朵花；萼片和花瓣白色带绿色先端或浅紫堇色；中萼片近椭圆形；侧萼片卵状披针形，较宽；花瓣狭长圆形至卵状披针形；唇瓣浅白色，后部黄色，前部具紫红色条纹，前端边缘具流苏，先端微凹并具细尖；距浅黄色或浅紫堇色，圆筒形，劲直，长 1.5～3.5 cm，基部较粗，末端钝。蒴果倒卵状椭圆形。花期 6～9 月，果期 11 月。

产地及生境：产于我国陕西、甘肃、台湾、四川、云南和西藏。生于海拔 1500～3500 m 的山地林下和草坡上。也分布于印度和日本。

本属概况：本属约 150 种，产于热带及亚热带的亚洲、澳大利亚、新几内亚及西南太平洋群岛以及热带非洲和北美。我国有 51 种，其中 21 种为特有。

第三部分　野生原种属

295

虾脊兰属
Calanthe

学名·*Calanthe davidii*

形态特征： 植株紧密聚生，无明显的假鳞茎和根状茎。假茎通常长 4～10 cm，具数枚鞘和 3～4 枚叶。叶在花期全部展开，剑形或带状，长达 65 cm，宽 1～5 cm，先端急尖，基部收窄，具 3 条主脉。花葶出自叶腋，直立，粗壮，长达 120 cm；总状花序密生许多小花；花黄绿色、白色或有时带紫色；萼片和花瓣反折；萼片相似，近椭圆形，先端锐尖或稍钝；花瓣狭长圆状倒披针形，与萼片等长，先端钝或锐尖；唇瓣的轮廓为宽三角形，与整个蕊柱翅合生，三裂；唇盘在两侧裂片之间具 3 条鸡冠状褶片；距圆筒形，镰刀状弯曲。蒴果卵球形。花期 6～7 月，果期 9～10 月。

产地及生境： 产于我国陕西、甘肃、台湾、湖北、湖南、四川、重庆、贵州、云南和西藏。生于海拔 500～3300 m 的山谷、溪边或林下。

虾脊兰属
Calanthe

学名·*Calanthe discolor*

形态特征：根状茎不明显。假鳞茎粗短，近圆锥形，具 3～4 枚鞘和 3 枚叶。叶在花期全部未展开，倒卵状长圆形至椭圆状长圆形。花葶从假茎上端的叶间抽出，长 18～30 cm，密被短毛，总状花序疏生约 10 朵花；萼片和花瓣褐紫色；花瓣近长圆形或倒披针形，与萼片等长，或有时稍短，具 3 条脉；唇瓣白色，轮廓为扇形，与整个蕊柱翅合生，3 深裂；唇盘上具 3 条膜片状褶片；距圆筒形，伸直或稍弯曲，向末端变狭。花期 4～5 月。

产地及生境：产于我国浙江、江苏、福建北部、湖北、广东和贵州。生于海拔 780～1500 m 的常绿阔叶林下。日本也有分布。

虾脊兰属
Calanthe

学名·*Calanthe graciliflora*

形态特征： 根状茎不明显。假鳞茎短，近卵球形，粗约 2 cm，具 3 ～ 4 枚鞘和 3 ～ 4 枚叶。叶在花期尚未完全展开，椭圆形或椭圆状披针形，先端急尖或锐尖。花葶出自假茎上端的叶丛间，高出叶层之外；总状花序长达 32 cm，疏生多数花，无毛；花张开；萼片和花瓣在背面褐色，内面淡黄色；花瓣倒卵状披针形，先端锐尖，基部具短爪，具 3 ～ 4 条脉，无毛；唇瓣浅白色，三裂；唇盘上具 4 个褐色斑点和 3 条平行的龙骨状脊；距圆筒形，常钩曲，末端变狭。花期 3 ～ 5 月。

产地及生境： 产于我国安徽、浙江、江西、台湾、湖北、湖南、广东、香港、广西、四川、贵州和云南。生于海拔 600 ～ 1500 m 的山谷溪边、林下等阴湿处。

虾脊兰属
Calanthe

学名·*Calanthe lechangensis*

形态特征： 根状茎不明显。假鳞茎粗短，圆锥形，粗约 1 cm，常具 3 枚鞘和一枚叶。假茎 9 ～ 20 cm。叶在花期尚未展开，宽椭圆形，先端锐尖，基部收狭为柄，边缘稍波状；叶柄细长。花葶从叶腋发出，直立，不高出叶层外。总状花序长 3 ～ 4 cm，疏生 4 ～ 5 朵花；花苞片宿存，卵状披针形；花浅红色；中萼片卵状披针形，先端急尖，具 5 条脉；侧萼片稍斜的长圆形，与中萼片等长，但稍狭，具 5 条脉；花瓣长圆状披针形，具 3 条脉；唇瓣倒卵状圆形，基部具爪，与整个蕊柱翅合生，三裂；距圆筒形，伸直，末端钝。花期 3 ～ 4 月。

产地及生境： 产于我国广东。生于山谷林下阴湿处。

虾脊兰属 学名·*Calanthe tsoongiana*
Calanthe

无距虾脊兰

形态特征：假鳞茎近圆锥形，粗约 1 cm，具 3～4 枚鞘和 2～3 枚叶；假茎长约 9 cm，粗 1.2 cm。叶在花期尚未完全展开，倒卵状披针形或长圆形，长 27～37 cm，宽 6 cm，先端渐尖，基部收窄。花葶出自当年生的叶丛中，直立，长 33～55 cm，密被毛；总状花序长 14～16 cm，疏生许多小花；花淡紫色；萼片相似，长圆形，先端锐尖或稍钝，具 5～6 条脉；花瓣近匙形，先端锐尖或稍钝，具 3 条脉；唇瓣基部合生于整个蕊柱翅上，基部上方 3 深裂；无距。花期 4～5 月。

产地及生境：产于我国浙江、江西、福建和贵州。生于海拔 450～1450 m 的山坡林下、路边和阴湿岩石上。

第三部分 野生原种属

299

布袋兰属 | 学名·*Calypso bulbosa*
Calypso

形态特征： 假鳞茎近椭圆形、狭长圆形或近圆筒状，有节，常有细长的根状茎。叶 1 枚，卵形或卵状椭圆形，先端近急尖，基部近截形。花葶长 10 ～ 12 cm，明显长于叶；花苞片膜质，披针形；花单朵，直径 3 ～ 4 cm；萼片与花瓣相似，向后伸展，线状披针形，先端渐尖；唇瓣扁囊状（上下压扁），三裂；侧裂片半圆形，近直立；中裂片扩大，向前延伸，呈铲状，基部有髯毛 3 束或更多；囊向前延伸，有紫色粗斑纹，末端呈双角状。花期 4 ～ 6 月。

产地及生境： 产于我国吉林、内蒙古、甘肃和四川。生于云杉林下或其他针叶林下，海拔 2900 ～ 3200 m。日本、俄罗斯以及北欧和北美也有分布。

本属概况： 本属 1 种，产于美洲及亚洲，我国有产。

银兰

头蕊兰属
Cephalanthera

学名·*Cephalanthera erecta*

形态特征: 地生草本,高 10 ～ 30 cm。茎纤细,直立,下部具 2 ～ 4 枚鞘,中部以上具 2 ～ 5 枚叶。叶片椭圆形至卵状披针形,先端急尖或渐尖,基部收狭并抱茎。总状花序长 2 ～ 8 cm,具 3 ～ 10 朵花;花序轴有棱;花苞片通常较小,狭三角形至披针形;花白色;萼片长圆状椭圆形,先端急尖或钝,具 5 脉;花瓣与萼片相似,但稍短;唇瓣三裂,基部有距;距圆锥形,末端稍锐尖,伸出侧萼片基部之外。蒴果狭椭圆形或宽圆筒形。花期 4 ～ 6 月,果期 8 ～ 9 月。

产地及生境: 产于我国陕西南部、甘肃南部、安徽、浙江、江西、台湾、湖北、广东北部、广西北部、四川和贵州。生于海拔 850 ～ 2300 m 的林下、灌丛中或沟边土层厚且有一定阳光处。日本和朝鲜半岛也有分布。

本属概况: 本属约 15 种,产于欧洲、北非及东亚,我国有 9 种,其中 4 种为特有。

头蕊兰属
Cephalanthera

金兰

学名·*Cephalanthera falcata*

形态特征： 地生草本，高 20 ～ 50 cm。茎直立，下部具 3 ～ 5 枚长 1 ～ 5 cm 的鞘。叶 4 ～ 7 枚；叶片椭圆形、椭圆状披针形或卵状披针形，先端渐尖或钝，基部收狭并抱茎。总状花序长 3 ～ 8 cm，通常有 5 ～ 10 朵花；花苞片很小，长 1 ～ 2 mm；花黄色，直立，稍微张开；萼片菱状椭圆形，先端钝或急尖，具 5 脉；花瓣与萼片相似，但较短，三裂，基部有距；距圆锥形，明显伸出侧萼片基部之外，先端钝。蒴果狭椭圆状。花期 4 ～ 5 月，果期 8 ～ 9 月。

产地及生境： 产于我国江苏、安徽、浙江、江西、湖北、湖南、广东北部、广西北部、四川和贵州。生于海拔 700 ～ 1600 m 的林下、灌丛中、草地上或沟谷旁。日本和朝鲜半岛也有分布。

头蕊兰属
Cephalanthera

学名 · *Cephalanthera longifolia*

形态特征： 地生草本，高 20 ～ 47 cm。茎直立，下部具 3 ～ 5 枚排列疏松的鞘。叶 4 ～ 7 枚；叶片披针形、宽披针形或长圆状披针形，先端长渐尖或渐尖，基部抱茎。总状花序长 1.5 ～ 6 cm，具 2 ～ 13 朵花；花苞片线状披针形至狭三角形；花白色，稍开放或不开放；萼片狭菱状椭圆形或狭椭圆状披针形，先端渐尖或近急尖，具 5 脉；花瓣近倒卵形，先端急尖或具短尖；唇瓣三裂，基部具囊；唇瓣基部的囊短而钝，包藏于侧萼片基部之内。蒴果椭圆形。花期 5 ～ 6 月，果期 9 ～ 10 月。

产地及生境： 产于我国山西、陕西、甘肃、河南、湖北、四川、云南和西藏。生于海拔 1000 ～ 3300 m 的林下、灌丛中、沟边或草丛中。广泛分布于欧洲、中亚、北非至喜马拉雅地区。

叉柱兰属
Cheirostylis | 学名·*Cheirostylis chinensis*

中华叉柱兰

形态特征： 植株高 6～20 cm。根状茎匍匐，肉质，具节，呈毛虫状。茎圆柱形，具 2～4 枚叶。叶片卵形至阔卵形，绿色，膜质，先端急尖，基部近圆形，骤狭成柄。花茎顶生，长 8～20 cm；总状花序具 2～5 朵花；花小；萼片长 3～4 mm，近中部合生成筒状，分离部分为三角状卵形，具 1 脉；花瓣白色，膜质，偏斜，弯曲，狭倒披针状长圆形，呈镰刀状，与中萼片紧贴；唇瓣白色，直立，基部稍扩大，囊状，囊内两侧各具 1 枚梳状、带 5～6 枚齿且扁平的胼胝体，中部收狭成爪，爪短，前部极扩大，扇形，二裂，裂片边缘具 4～5 枚不整齐的齿。花期 1～3 月。

产地及生境： 产于我国台湾、香港、广西和贵州。生于海拔 200～800 m 的山坡或溪旁林下的潮湿石上覆土中或地上。菲律宾也有分布。

本属概况： 本属约 50 种，产于热带非洲，热带亚洲至新几内亚、澳大利亚及太平洋群岛，我国有 17 种，其中 8 种为特有。

叉柱兰属 *Cheirostylis* | 学名·*Cheirostylis jamesleungii*

粉红叉柱兰

形态特征： 植株高约 11 cm。根状茎匍匐，肉质，具节，呈毛虫状，长 4 ～ 5 cm，粗 3 ～ 6 mm。茎短，直立，具 2 ～ 3 枚小叶。叶片心形。花茎细长，具 4 枚疏生的鞘状苞片。总状花序具 2 ～ 3 朵花；花苞片舟状，粉红色，膜质，具 1 脉，短于子房；花小；萼片长 4 mm，中部以下合生成筒状，萼筒长 2 mm，粉红色，外侧靠近基部被长柔毛，中部之上分离，离生部分三角形，长 2 mm，外侧无毛；花瓣偏斜，披针形；唇瓣白色，长 5 mm，基部囊状，囊内两侧各具 1 枚三裂的胼胝体，中部收狭具短爪。花期 3 月。

产地及生境： 产于我国香港。生于海拔约 600 m 溪边阴处长了苔藓石头凹处中的潮湿土壤上。

叉柱兰属
Cheirostylis

箭药叉柱兰

学名·*Cheirostylis monteiroi*

形态特征： 植株高 9 ～ 13 cm。根状茎匍匐，橄榄绿色，肉质，具 4 ～ 6 节，呈莲藕状。茎短，直立，具 2 ～ 3 枚叶。叶片卵形，暗绿色。花茎细长，上具 3 ～ 7 枚鞘状苞片；总状花序具 2 ～ 8 朵花；花苞片粉红色；花小；花瓣白色，偏斜，倒披针形，与中萼片紧贴；唇瓣与蕊柱的基部贴生，基部肉质，边缘内弯，囊状；花药黄色，箭形。花期 3 ～ 5 月。

产地及生境： 产于我国香港。生于海拔约 300 m 的溪旁山坡陡壁林下阴处潮湿石上或土壤中。

叉柱兰属
Cheirostylis

学名·*Cheirostylis yunnanensis*

形态特征： 植株高 10 ～ 20 cm。根状茎匍匐，肉质，粗壮，具节，呈毛虫状。茎圆柱形，直立或近直立，淡绿色，基部具 2 ～ 3 枚叶。叶片卵形；叶柄短，下部扩大成抱茎的鞘。花茎顶生，具 3 ～ 4 枚鞘状苞片；总状花序具 2 ～ 5 朵花；花苞片卵形，凹陷，先端渐尖；花小；萼片膜质；花瓣白色，膜质，偏斜，弯曲，狭倒披针状长圆形，全缘或有时具 2 ～ 3 枚浅的钝齿；唇瓣白色，直立，基部稍扩大，囊状，囊内两侧各具 1 枚梳状、扁平、具 3 ～ 4 枚齿的胼胝体，中部收狭成爪，上具 2 条褶片，前部极扩大，扇形，二裂，裂片边缘具 5 ～ 7 枚不整齐的齿。花期 3 ～ 4 月。

产地及生境： 产于我国湖南、广东、海南、广西、四川、贵州和云南。生于海拔 200 ～ 1100 m 的山坡或沟旁林下阴处地上或覆有土的岩石上。越南也有分布。

蜈蚣兰

隔距兰属
Cleisostoma

学名·*Cleisostoma scolopendrifolium*

形态特征： 植物体匍匐。茎细长，多节，具分枝。叶革质，二列互生，长 5～8 mm，粗约 1.5 mm，先端钝。花序侧生，常比叶短；总状花序具 1～2 朵花；花苞片卵形，先端稍钝；花质地薄，开展，萼片和花瓣浅肉色；中萼片卵状长圆形；侧萼片斜卵状长圆形、与中萼片等长而较宽；花瓣近长圆形；唇瓣白色带黄色斑点，三裂；距近球形，末端凹入。花期 4 月。

产地及生境： 产于我国河北、山东、江苏、安徽、浙江、福建和四川。附生于崖石上或山地林中树干上海拔达 1000 m。也见于日本、朝鲜半岛南部。

本属概况： 本属约 100 种，产于斯里兰卡、印度、马来西亚、印度尼西亚、菲律宾、新几内亚、太平洋群岛和澳大利亚。我国有 16 种，其中 4 种为特有。

眼斑贝母兰

贝母兰属
Coelogyne

学名·*Coelogyne corymbosa*

形态特征：根状茎较坚硬，密被褐色鳞片状鞘。假鳞茎较密集，彼此相距不到 1 cm，长圆状卵形或近菱状长圆形，长 1～4.5 cm，粗 6～13 mm，顶端生二枚叶，基部具数枚鞘。叶长圆状倒披针形至倒卵状长圆形，近革质，长 4.5～15 cm，宽 1～3 cm；叶柄长 1～2 cm。总状花序具 2～4 朵花。花苞片早落；花白色或稍带黄绿色，但唇瓣上有 4 个黄色、围以橙红色的眼斑；萼片长圆状披针形；侧萼片略狭于中萼片；花瓣与萼片等长；唇瓣近卵形，三裂；侧裂片半圆形或近半卵形，直立；中裂片卵形或卵状披针形。蒴果近倒卵形，略带三棱。花期 5～7 月，果期次年 7～11 月。

产地及生境：产于我国云南和西藏。生于林缘树干上或湿润岩壁上，海拔 1300～3100 m。尼泊尔、不丹、印度和缅甸也有分布。

本属概况：本属约 200 种，产于热带及亚热带的亚洲、大洋洲。我国有 31 种，其中 6 种为特有。

珊瑚兰属
Corallorhiza

学名·*Corallorhiza trifida*

形态特征： 腐生小草本，高 10 ～ 22 cm。根状茎肉质，多分枝，珊瑚状。茎直立，圆柱形，红褐色，无绿叶，被 3 ～ 4 枚鞘。总状花序长 1 ～ 5 cm，具 3 ～ 7 朵花；花苞片很小，通常近长圆形；花淡黄色或白色；中萼片狭长圆形或狭椭圆形；侧萼片与中萼片相似，略斜歪；花瓣近长圆形，常较萼片略短而宽，多少与中萼片靠合呈盔状；唇瓣近长圆形或宽长圆形，三裂；侧裂片较小，直立；中裂片近椭圆形或长圆形；唇盘上有 2 条肥厚的纵褶片从下部延伸到中裂片基部。蒴果下垂。花果期 6 ～ 8 月。

产地及生境： 产于我国吉林、内蒙古、河北、甘肃、青海、新疆和四川。生于林下或灌丛中，海拔 2000 ～ 2700 m。广泛分布于北美、欧洲和亚洲北部。

本属概况： 11 种，产于美洲中部及北部，亚洲北部，我国有 1 种。

杜鹃兰属
Cremastra

学名·*Cremastra appendiculata*

形态特征： 假鳞茎卵球形或近球形。叶通常 1 枚，生于假鳞茎顶端，狭椭圆形、近椭圆形或倒披针状狭椭圆形，长 18～34 cm，宽 5～8 cm；叶柄下半部常为残存的鞘所包蔽。花葶从假鳞茎上部节上发出，近直立；总状花序具 5～22 朵花；花苞片披针形至卵状披针形；花常偏花序一侧，多少下垂，不完全开放，有香气，狭钟形，淡紫褐色；萼片倒披针形；侧萼片略斜歪；花瓣倒披针形或狭披针形；唇瓣与花瓣近等长，线形，上部 1/4 处三裂；侧裂片近线形；中裂片卵形至狭长圆形，基部在两枚侧裂片之间具 1 枚肉质突起。蒴果近椭圆形，下垂。花期 5～6 月，果期 9～12 月。

产地及生境： 产于我国山西南部、陕西、甘肃、江苏、安徽、浙江、江西、台湾、河南、湖北、湖南、广东、四川、贵州、云南和西藏。生于林下湿地或沟边湿地上，海拔 500～2900 m。尼泊尔、不丹、印度、越南、泰国和日本也有分布。

本属概况： 本属 4 种，产于尼泊尔、印度、不丹、中国、泰国、越南及日本，我国有 3 种，其中 1 种为特有。

兰属
Cymbidium

学名·*Cymbidium floribundum*

形态特征: 附生植物。假鳞茎近卵球形,稍压扁,包藏于叶基之内。叶通常 5～6 枚,带形,坚纸质,长 22～50 cm,宽 8～18 mm。花葶自假鳞茎基部穿鞘而出,近直立或外弯;花序通常具 10～40 朵花;花苞片小;花较密集,直径 3～4 cm,一般无香气;萼片与花瓣红褐色或偶见绿黄色,极罕灰褐色,唇瓣白色而在侧裂片与中裂片上有紫红色斑,褶片黄色;萼片狭长圆形;花瓣狭椭圆形,萼片近等宽;唇瓣近卵形;侧裂片直立,具小乳突;中裂片稍外弯,亦具小乳突;唇盘上有 2 条纵褶片,褶片末端靠合。蒴果近长圆形。花期 4～8 月。

产地及生境: 产于我国浙江、江西、福建、台湾、湖北、湖南、广东、广西、四川东部、贵州和云南。生于林中或林缘树上,或溪谷旁透光的岩石上或岩壁上,海拔 100～3300 m。

本属概况: 本属约 55 种,分布于热带及亚热带的亚洲,南至巴布亚新几内亚及澳大利亚。我国有 49 种,其中 19 种为特有。

兔耳兰

兰属
Cymbidium

学名·*Cymbidium lancifolium*

形态特征： 半附生植物。假鳞茎近扁圆柱形或狭梭形，有节，多少裸露，顶端聚生 2～4 枚叶。叶倒披针状长圆形至狭椭圆形，先端渐尖。花葶从假鳞茎下部侧面节上发出，直立；花序具 2～6 朵花；花苞片披针形；花通常白色至淡绿色，花瓣上有紫栗色中脉，唇瓣上有紫栗色斑；萼片倒披针状长圆形；花瓣近长圆形；唇瓣近卵状长圆形，稍三裂；侧

裂片直立，多少围抱蕊柱；中裂片外弯；唇盘上 2 条纵褶片从基部上方延伸至中裂片基部。蒴果狭椭圆形。花期 5～8 月。

产地及生境： 产于我国浙江、福建、台湾、湖南、广东、海南、广西、四川、贵州、云南和西藏。生于疏林下、竹林下、林缘、阔叶林下或溪谷旁的岩石上、树上或地上，海拔 300～2200 m。白喜马拉雅地区至东南亚以及日本南部和新几内亚岛均有分布。

杓兰属
Cypripedium

学名·*Cypripedium flavum*

形态特征：植株通常高 30 ～ 50 cm。具粗短的根状茎。茎直立，基部具数枚鞘，鞘上方具 3 ～ 6 枚叶。叶较疏离；叶片椭圆形至椭圆状披针形，长 10 ～ 16 cm，宽 4 ～ 8 cm。花序顶生，通常具 1 花，罕有 2 花；花苞片叶状、椭圆状披针形；花黄色，有时有红色晕，唇瓣上偶见栗色斑点；中萼片椭圆形至宽椭圆形；合萼片宽椭圆形，先端几不裂；花瓣长圆形至长圆状披针形，稍斜歪；唇瓣深囊状，椭圆形。蒴果狭倒卵形被毛。花果期 6 ～ 9 月。

产地及生境：产于我国甘肃、湖北、四川、云南和西藏。生于海拔 1800 ～ 3450 m 林下、林缘、灌丛中或草地上多石湿润之地。

本属概况：本属约 50 种，产于温带地区，主要分布于亚洲温带及北美，向南延伸至喜马拉雅及北美中部。我国有 36 种，其中 25 种为特有。

杓兰属
Cypripedium

学名·*Cypripedium guttatum*

形态特征： 植株高 15～25 cm。具细长而横走的根状茎。茎直立，基部具数枚鞘，顶端具叶。叶 2 枚，极罕 3 枚，常对生或近对生，偶见互生，常位于植株中部或中部以上；叶片椭圆形、卵形或卵状披针形，先端急尖或渐尖。花序顶生，具 1 花；花苞片叶状，卵状披针形；花白色，具淡紫红色或淡褐红色斑；中萼片卵状椭圆形或宽卵状椭圆形；合萼片狭椭圆形，先端 2 浅裂；花瓣常近匙形或提琴形，先端常略扩大并近浑圆；唇瓣深囊状，钵形或深碗状，多少近球形，具宽阔的囊口，囊口前方几乎不具内折的边缘。蒴果近狭椭圆形，下垂。花期 5～7 月，果期 8～9 月。

产地及生境： 产于我国黑龙江、吉林、辽宁、内蒙古、河北、山西、山东、陕西、宁夏、四川、云南和西藏等地。生于海拔 500～4000 m 的林下、灌丛中或草地上。不丹、朝鲜半岛、西伯利亚、欧洲和北美西北部也有分布。

扇脉杓兰

杓兰属
Cypripedium

学名·*Cypripedium japonicum*

形态特征： 植株高 35～55 cm。具较细长的、横走的根状茎。茎直立，基部具数枚鞘，顶端生叶。叶通常 2 枚，近对生，位于植株近中部处；叶片扇形，长 10～16 cm，宽 10～21 cm。花序顶生，具 1 花；花苞片叶状，菱形或卵状披针形；花俯垂；萼片和花瓣淡黄绿色，基部多少有紫色斑点，唇瓣淡黄绿色至淡紫白色，多少有紫红色斑点和条纹；中萼片狭椭圆形或狭椭圆状披针形；合萼片与中萼片相似，先端 2 浅裂；花瓣斜披针形；唇瓣下垂，囊状，近椭圆形或倒卵形；囊口略狭长并位于前方，周围有明显凹槽并呈波浪状齿缺。蒴果近纺锤形。花期 4～5 月，果期 6～10 月。

产地及生境： 产于我国陕西南部、甘肃、安徽、浙江、江西、湖北、湖南、四川和贵州。生于海拔 1000～2000 m 的林下、灌木林下、林缘、溪谷旁、荫蔽山坡等湿润和腐殖质丰富的土壤上。日本也有分布。

斑叶杓兰

杓兰属
Cypripedium

学名·*Cypripedium margaritaceum*

形态特征： 植株高约 10 cm。地下具较粗壮而短的根状茎。茎直立，较短，为数枚叶鞘所包，顶端具二枚叶。叶近对生，铺地；叶片宽卵形至近圆形，长 10 ～ 15 cm，宽 7 ～ 13 cm，先端钝或具短尖头，上面暗绿色并有黑紫色斑点。花序顶生，具 1 花；花苞片不存在；花较美丽，萼片绿黄色有栗色纵条纹，花瓣与唇瓣白色或淡黄色而有红色或栗红色斑点与条纹；中萼片宽卵形；合萼片椭圆状卵形，略短于中萼片；花瓣斜长圆状披针形，向前弯曲并围抱唇瓣；唇瓣囊状，近椭圆形，腹背压扁。花期 5 ～ 7 月。

产地及生境： 产于我国四川和云南。生于海拔 2500 ～ 3600 m 的草坡上或疏林下。

第三部分　野生原种属

317

杓兰属
Cypripedium

学名·*Cypripedium plectrochilum*

形态特征: 植株高 12 ~ 30 cm。具粗壮、较短的根状茎。茎直立,被短柔毛,基部具数枚鞘,鞘上方通常具 3 枚叶,较少为 2 或 4 枚叶。叶片椭圆形至狭椭圆状披针形,长 4.5 ~ 6 cm,宽 1 ~ 3.5 cm。花序顶生,具 1 花;花苞片叶状,椭圆状披针形或披针形;花较小;萼片栗褐色或淡绿褐色,花瓣淡红褐色或栗褐色并有白色边缘,唇瓣白色而有粉红色晕;中萼片卵状披针形;侧萼片完全离生,线状披针形;花瓣线形;唇瓣深囊状,倒圆锥形,略斜歪。蒴果狭椭圆形,有棱。花期 4 ~ 6 月,果期 7 月。

产地及生境: 产于我国湖北、四川、云南和西藏。生于海拔 2000 ~ 3600 m 的林下、林缘、灌丛中或草坡上多石之地。缅甸也有分布。

西藏杓兰

西藏杓兰

杓兰属
Cypripedium

学名·*Cypripedium tibeticum*

形态特征： 植株高 15 ～ 35 cm。具粗壮、较短的根状茎。茎直立，基部具数枚鞘，鞘上方通常具 3 枚叶，罕有 2 或 4 枚叶。叶片椭圆形、卵状椭圆形或宽椭圆形，长 8 ～ 16 cm，宽 3 ～ 9 cm。花序顶生，具 1 花；花苞片叶状，椭圆形至卵状披针形；花大，俯垂，紫色、紫红色或暗栗色，通常有淡绿黄色的斑纹，花瓣上的纹理尤其清晰，唇瓣的囊口周围有白色或浅色的圈；中萼片椭圆形或卵状椭圆形；合萼片与中萼片相似，但略短而狭，先端 2 浅裂；花瓣披针形或长圆状披针形；唇瓣深囊状，近球形至椭圆形，外表面常皱缩，后期尤其明显。花期 5 ～ 8 月。

产地及生境： 产于我国甘肃、四川、贵州、云南和西藏。生于海拔 2300 ～ 4200 m 的透光林下、林缘、灌木坡地、草坡或乱石地上。不丹和印度也有分布。

枸兰属
Cypripedium

学名·*Cypripedium yunnanense*

形态特征： 植株高 20 ～ 37 cm。具粗短的根状茎。茎直立，基部具数枚鞘，鞘上方具 3 ～ 4 枚叶。叶片椭圆形或椭圆状披针形，长 6 ～ 14 cm，宽 1 ～ 3.5 cm，先端渐尖。花序顶生，具 1 花；花苞片叶状，卵状椭圆形或卵状披针形；花略小，粉红色、淡紫红色或偶见灰白色，有深色的脉纹，退化雄蕊白色并在中央具 1 条紫条纹；中萼片卵状椭圆形，先端渐尖；合萼片椭圆状披针形，与中萼片等长，先端 2 浅裂；花瓣披针形，先端渐尖；唇瓣深囊状，椭圆形。花期 5 月。

产地及生境： 产于我国四川、云南和西藏。生于海拔 2700 ～ 3800 m 的松林下、灌丛中或草坡上。

掌根兰属
Dactylorhiza

掌裂兰

学名·*Dactylorhiza hatagirea* / 异名·*Orchis latifolia*
别名·宽叶红门兰

形态特征： 植株高 12 ～ 40 cm。块茎下部 3 ～ 5 裂呈掌状，肉质。茎直立，粗壮，中空，基部具 2 ～ 3 枚筒状鞘。叶 3 ～ 6 枚，互生，叶片长圆形、长圆状椭圆形、披针形至线状披针形。花序具几朵至多朵密生的花；花苞片直立伸展，披针形；花蓝紫色、紫红色或玫瑰红色，不偏向一侧；中萼片卵状长圆形，直立，凹陷呈舟状，与花瓣靠合呈兜状；侧萼片张开，偏斜，卵状披针形或卵状长圆形；花瓣直立，卵状披针形，稍偏斜，与中萼片近等长；唇瓣向前伸展，常稍长于萼片；距圆筒形、圆筒状锥形至狭圆锥形，下垂，略微向前弯曲，末端钝。花期 6 ～ 8 月。

产地及生境： 产于我国黑龙江、吉林、内蒙古、宁夏、甘肃、青海、新疆、四川和西藏。生于海拔 600 ～ 4100 m 的山坡、沟边灌丛下或草地中。蒙古、俄罗斯的西伯利亚至欧洲、克什米尔地区至不丹、巴基斯坦、阿富汗至北非也有。

本属概况： 本属约 50 种，主要产于欧洲及俄罗斯，向东延伸至韩国、日本及美洲北部，南到热带的亚洲及非洲。我国有 6 种。

学名·*Dendrobium aduncum*

形态特征： 茎下垂，圆柱形，长 50 ～ 100 cm，有时上部多少弯曲，不分枝，具多个节，节间长 3 ～ 3.5 cm。叶长圆形或狭椭圆形，长 7 ～ 10.5 cm，宽 1 ～ 3.5 cm，先端急尖并且钩转，基部具抱茎的鞘。总状花序通常数个，花序轴纤细，疏生 1 ～ 6 朵花；花苞片膜质，卵状披针形；花开展，萼片和花瓣淡粉红色；中萼片长圆状披针形；侧萼片斜卵状三角形，基部歪斜；花瓣长圆形；唇瓣白色，朝上，凹陷呈舟状，展开时为宽卵形，前部骤然收狭而先端为短尾状并且反卷，基部具爪。花期 5 ～ 6 月。

产地及生境： 产于我国湖南、广东、香港、海南、广西、贵州和云南。生于海拔 700 ～ 1000 m 的山地林中树干上。分布于不丹、印度东北部、缅甸、泰国及越南。

本属概况： 本属约 1100 种，广泛分布于亚洲热带和亚热带地区至大洋洲。我国有 78 种，其中 14 种为特有。

石斛属
Dendrobium

学名·*Dendrobium loddigesii*

形态特征： 茎柔弱，常下垂，细圆柱形，长 10 ～ 45 cm，有时分枝，具多节。叶纸质、二列，互生于整个茎上，舌形、长圆状披针形或稍斜长圆形，通常长 2 ～ 4 cm，宽 1 ～ 1.3 cm，先端锐尖而稍钩转；叶鞘膜质。花白色或紫红色，每束 1 ～ 2 朵侧生于具叶的老茎上部；花苞片膜质，卵形；花梗和子房淡绿色；中萼片卵状长圆形；侧萼片披针形，基部歪斜；萼囊近球形；花瓣椭圆形，与中萼片等长，全缘；唇瓣近圆形，上面中央金黄色，周边淡紫红色，稍凹的，边缘具短流苏。花期 4 ～ 5 月。

产地及生境： 产于我国广西、广东、海南、贵州和云南等地。生于海拔 400 ～ 1500 m 的山地林中树干上或林下岩石上。分布于老挝、越南。

厚唇兰属 Epigeneium | 学名·*Epigeneium fargesii*

形态特征： 根状茎匍匐，密被栗色筒状鞘，在每相距约 1 cm 处生 1 个假鳞茎。假鳞茎斜立，近卵形，顶生一枚叶，基部被膜质栗色鞘。叶厚革质，卵形或宽卵状椭圆形，先端圆形而中央凹入。花序生于假鳞茎顶端，具单朵花；花苞片膜质，卵形；花不甚张开，萼片和花瓣淡粉红色；中萼片卵形；侧萼片斜卵状披针形，基部贴生在蕊柱足上而形成明显的萼囊；花瓣卵状披针形，比侧萼片小；唇瓣几乎白色，小提琴状；后唇两侧直立；前唇伸展，近肾形，先端深凹。花期 4～5 月。

产地及生境： 产于我国安徽、浙江、江西、福建、台湾、湖北、湖南、广东、广西、四川、重庆和云南。生于沟谷岩石上或山地林中树干上，海拔 400～2400 m。分布于不丹、印度东北部和泰国。

本属概况： 约 35 种，产于我国、孟加拉国、印度尼西亚、老挝、马来西亚、缅甸、尼泊尔、菲律宾、新几内亚、泰国及越南。我国产 11 种，其中 4 种为特有。

火烧兰属
Epipactis

学名·*Epipactis helleborine*

火烧兰

形态特征： 地生草本，高 20 ～ 70 cm。根状茎粗短。茎具 2 ～ 3 枚鳞片状鞘。叶 4 ～ 7 枚，互生；叶片卵圆形、卵形至椭圆状披针形。总状花序通常具 3 ～ 40 朵花；花苞片叶状，线状披针形，下部的长于花 2 ～ 3 倍或更多，向上逐渐变短；花绿色或淡紫色，下垂，较小；中萼片卵状披针形，较少椭圆形，舟状；侧萼片斜卵状披针形；花瓣椭圆形；唇瓣中部明显缢缩；下唇兜状；上唇近三角形或近扁圆形，在近基部两侧各有一枚长约 1 mm 的半圆形褶片，近先端有时脉稍呈龙骨状。蒴果倒卵状椭圆形。花期 7 月，果期 9 月。

产地及生境： 产于我国辽宁、河北、山西、陕西、甘肃、青海、新疆、安徽、湖北、四川、贵州、云南和西藏。生于海拔 250 ～ 3600 m 的山坡林下、草丛或沟边。不丹、印度、尼泊尔、阿富汗、伊朗、北非、俄罗斯、欧洲以及北美也有分布。

本属概况： 本属约 20 种，产于欧洲及亚洲，非洲及美洲也有，我国有 10 种，其中 2 种为特有。

火烧兰属
Epipactis

大叶火烧兰

学名 · *Epipactis mairei*

形态特征： 地生草本，高 30 ~ 70 cm。茎直立，基部具 2 ~ 3 枚鳞片状鞘。叶 5 ~ 8 枚，互生，中部叶较大；叶片卵圆形、卵形至椭圆形，抱茎，茎上部的叶多为卵状披针形，向上逐渐过渡为花苞片。总状花序具 10 ~ 20 朵花，有时花更多；花苞片椭圆状披针形，下部的等于或稍长于花，向上逐渐变为短于花；花黄绿带紫色、紫褐色或黄褐色，下垂；中萼片椭圆形或倒卵状椭圆形，舟形；侧萼片斜卵状披针形或斜卵形；花瓣长椭圆形或椭圆形；唇瓣中部稍缢缩而成上下唇；下唇两侧裂片近斜三角形，近直立，中央具 2 ~ 3 条鸡冠状褶片；上唇肥厚，卵状椭圆形、长椭圆形或椭圆形。蒴果椭圆状。花期 6 ~ 7 月，果期 9 月。

产地及生境： 产于我国陕西、甘肃、湖北、湖南、四川西部、云南西北部和西藏。生于海拔 1200 ~ 3200 m 的山坡灌丛中、草丛中、河滩阶地或冲积扇等地。

半柱毛兰

毛兰属 Eria
学名 · *Eria corneri*

形态特征： 假鳞茎密集着生，卵状长圆形或椭圆状，顶端具2～3枚叶。叶椭圆状披针形至倒卵状披针形。花序1个，花序具10余朵花，有时可多达60余朵花；花苞片极小，三角形；花白色或略带黄色；萼片和花瓣上均具白色线状突起物；中萼片卵状三角形；侧萼片镰状三角形，基部与蕊柱足形成萼囊；萼囊钝；花

瓣线状披针形，略镰状，近等长于侧萼片；唇瓣轮廓为卵形，三裂；侧裂片半圆形，先端圆，近直立；中裂片卵状三角形；唇盘上面具3条波状褶片，延伸至中裂片基部；中裂片上面具多条密集的鸡冠状或流苏状褶片。蒴果倒卵状圆柱形。花期8～9月，果期10～12月。

产地及生境： 产于我国福建、台湾、海南、广东西部、香港、广西、贵州和云南。生于海拔500～1500 m的林中树上或林下岩石上。琉球群岛和越南也有分布。

本属概况： 全属约15种，主要分布丁亚洲马来群岛向东到新几内亚，我国有7种，其中1种为特有。

毛兰属 | 学名·*Eria coronaria*
Eria

形态特征： 植物体具根状茎，根状茎上常有漏斗状革质鞘；假鳞茎密集或每隔 1～2 cm 着生，不膨大，圆柱形。叶 2 枚着生于假鳞茎顶端，1 大 1 小，长椭圆形或倒卵状椭圆形，较少卵状披针形，长 6～16 cm，宽 1～4 cm。花序 1 个，自两叶片之间发出，具 2～6 朵花，上部常弯曲，基部具 1 枚鞘状物；花苞片通常披针形或线形；花白色，唇瓣上有紫色斑纹；中萼片椭圆状披针形；侧萼片镰状披针形，基部与蕊柱足合生成明显的萼囊；花瓣长圆状披针形，与中萼片近等长；唇瓣轮廓长圆形，三裂；唇盘上面具 3 条全缘或波浪状的褶片。蒴果倒卵状圆柱形。花期 5～6 月。

产地及生境： 产于我国海南、广西、云南和西藏。生于海拔 1300～2000 m 的林中树干上或岩石上。尼泊尔、不丹、印度和泰国也有分布。

毛兰属 *Eria* 学名·*Eria tomentosa*

黄绒毛兰

形态特征： 根状茎发达；假鳞茎椭圆形，略压扁，常具 2～3 节，基部具 2～3 枚膜质鞘，顶端着生 3～4 枚叶。叶较厚，有时肉质，椭圆形或长圆状披针形，具关节。花序粗壮，从假鳞茎近基部处发出，高出叶面之上，具 10 余朵或更多朵花；花苞片卵形或卵状披针形；萼片背面密被黄棕色绒毛，稍厚；中萼片长圆状披针形；侧萼片斜卵状披针形，与中萼片近等长，基部与蕊柱足合生成萼囊；花瓣线状披针形，较中萼片稍短；唇瓣轮廓近长圆形，三裂，向外弯曲，基部稍收窄。蒴果圆柱形。花期 4～5 月，果期 8～9 月。

产地及生境： 产于我国海南和云南。附生于海拔 800～1500 m 的树上或岩石上。印度东北部、缅甸、泰国、老挝和越南均有分布。

钳唇兰属 Erythrodes

学名·*Erythrodes blumei*

钳唇兰

形态特征： 植株高 18 ～ 60 cm。根状茎伸长，匍匐，具节，节上生根。茎直立，圆柱形，绿色，下部具 3 ～ 6 枚叶。叶片卵形、椭圆形或卵状披针形，有时稍歪斜。总状花序顶生，具多数密生的花，长 5 ～ 10 cm；花苞片披针形，带红褐色；子房圆柱形，红褐色，扭转，被短柔毛；花较小，萼片带红褐色或褐绿色，中萼片直立，凹陷，长椭圆形；侧萼片张开，偏斜的椭圆形或卵状椭圆形；花瓣倒披针形，与萼片同色，中央具 1 枚透明的脉，与中萼片黏合呈兜状；唇瓣基部具距，前部三裂；距下垂，近圆筒状，中部稍膨大，末端 2 浅裂。花期 4 ～ 5 月。

产地及生境： 产于我国台湾、广东、广西和云南。生于海拔 400 ～ 1500 m 的山坡或沟谷常绿阔叶林下阴处。斯里兰卡、印度东北部、缅甸北部、越南和泰国也有分布。

本属概况： 本属约 20 种，产于印度、斯里兰卡至新几内亚及太平洋群岛，我国有 2 种。

观赏兰花图鉴

美冠兰属
Eulophia

学名·*Eulophia graminea*

形态特征： 假鳞茎卵球形、圆锥形、长圆形或近球形，直立，常带绿色，多少露出地面，上部有数节，有时多个假鳞茎聚生成簇团。叶3～5枚，在花全部凋萎后出现，线形或线状披针形。花葶从假鳞茎一侧节上发出；总状花序直立，常有1～2个侧分枝，疏生多数花；花苞片草质，线状披针形；唇瓣白色而具淡紫红色褶片；中萼片倒披针状线形；侧萼片与中萼片相似，常略斜歪而稍大；花瓣近狭卵形；唇瓣近倒卵形或长圆形三裂；唇盘上有3～5条纵褶片；基部的距圆筒状或后期略呈棒状。蒴果下垂，椭圆形。花期4～5月，果期5～6月。

产地及生境： 产于我国安徽、台湾、广东、香港、海南、广西、贵州和云南。生于海拔900～1200 m的疏林中草地上、山坡阳处、海边沙滩林中。尼泊尔、印度、斯里兰卡、越南、老挝、缅甸、泰国、马来西业、新加坡、印度尼西亚和琉球群岛也有分布。

本属概况： 约200种，产于热带及副热带地区，非洲最多，我国有13种，其中2种为特有。

美冠兰属
Eulophia

学名·*Eulophia zollingeri*

无叶美冠兰

形态特征： 附生植物。无绿叶。假鳞茎块状，近长圆形，淡黄色，有节，位于地下。花葶粗壮，褐红色；总状花序直立，疏生数朵至 10 余朵花；花苞片狭披针形或近钻形；花褐黄色；中萼片椭圆状长圆形；侧萼片近长圆形；花瓣倒卵形，先端具短尖；唇瓣生于蕊柱足上，近倒卵形或长圆状倒卵形，三裂；侧裂片近卵形或长圆形，多少围抱蕊柱；中裂片卵形；唇盘中央有 2 条近半圆形的褶片。花期 4 ～ 6 月。

产地及生境： 产于我国江西、福建、台湾、广东、广西和云南。生于海拔 400 ～ 500 m 的疏林下、竹林或草坡上。斯里兰卡、印度、马来西亚、印度尼西亚、新几内亚岛、澳大利亚北部以及琉球群岛也有分布。

盔花兰属
Galearis

学名·*Galearis cyclochila* / 异名·*Orchis cyclochila*
别名·卵唇红门兰

卵唇盔花兰

形态特征: 植株高 9 ~ 19 cm。无块茎,具伸长、平展、肉质、指状的根状茎。茎直立,纤细。1 枚叶,基生,直立伸展,叶片长圆形、宽椭圆形至宽卵形,质地较厚。花茎直立,纤细,花序通常具 2 朵花;花苞片长圆状披针形至狭卵形;花淡粉红色或白色;中萼片直立,宽披针形或长圆状卵形,凹陷呈舟状,与花瓣靠合呈兜状;侧萼片向上伸展,偏斜,卵状披针形;花瓣直立,狭长圆形或线状披针形;唇瓣向前伸展,卵圆形,不裂,基部收狭呈爪,具距,先端圆钝,边缘具钝的波状齿;距纤细,下垂,线状圆筒形,向末端渐狭,稍微向前弯曲,末端近急尖,与子房近等长。花期 5 ~ 6 月,果期 7 ~ 8 月。

产地及生境: 产于我国黑龙江、吉林和青海。生于海拔 1000 ~ 2900 m 的山坡林下或灌丛下。朝鲜半岛北部、日本北部和俄罗斯的远东地区也有。

本属概况: 本属约 10 种,产于北温带,我国有 5 种,其中 2 种为特有。

二叶盔花兰

盔花兰属
Galearis

学名·*Galearis spathulata* ／异名·*Orchis spathulata*

别名·二叶红门兰

形态特征： 植株高 8 ～ 15 cm。无块茎，具伸长、细、平展的根状茎。茎直立，圆柱形。叶通常 2 枚，近对生，叶片狭匙状倒披针形、狭椭圆形、椭圆形或匙形。花茎直立，花序具 1 ～ 5 朵花，较疏生，多偏向一侧；花苞片直立伸展，近长圆形或狭椭圆状披针形；花紫红色；萼片近等长，近长圆形，中萼片直立，凹陷呈舟状，与花瓣靠合呈兜状；侧萼片近直立伸展，稍偏斜；花瓣直立，卵状长圆形或近长圆形；唇瓣长圆形、椭圆形、卵圆形或近四方形，与萼片等长，不裂，上面具乳头状突起，基部收狭呈短爪，具距，先端圆钝或近截形，略波状，边缘近全缘；距短、圆筒状。花期 6 ～ 8 月。

产地及生境： 产于我国陕西、甘肃、青海、四川、云南和西藏。生于海南 2300 ～ 4300 m 的山坡灌丛下或高山草地上。印度北部也有分布。

盆距兰属
Gastrochilus

学名·*Gastrochilus calceolaris*

形态特征： 茎长 5 ～ 30 cm，常弧形弯曲，具多数叶。叶二列互生，稍肉质，常镰刀状狭长圆形，先端钝并且不等侧 2 圆裂。伞形花序数至 10 余个，侧生于茎的上部，与叶对生，具多数花；花开展，萼片和花瓣黄色带紫褐色斑点；中萼片和侧萼片相似、等大，倒卵状长圆形；花瓣近似于萼片，较小，先端圆钝；前唇半圆状三角形或新月状三角形，向前伸展，边缘具不整齐的流苏或啮蚀状；后唇盔状，黄绿色带紫红色的上部边缘，上端具截形的口缘；口缘明显比前唇高，前端具 1 个凹口，其两侧边缘直立。花期 3 ～ 4 月。

产地及生境： 产于我国海南、云南、西藏。生于海拔 1000 ～ 2100 m 的山地林中树干上。尼泊尔、印度东北部、缅甸、泰国、越南、马来西亚也有分布。

本属概况： 约 47 种，分布于亚洲热带和亚热带地区。我国有 29 种，其中 17 种为特有。

斑叶兰属
Goodyera

学名 · *Goodyera biflora*

形态特征： 植株高 5～15 cm。根状茎伸长，茎状，匍匐，具节。茎直立，绿色，具 4～5 枚叶。叶片卵形或椭圆形，上面绿色，具白色均匀细脉连接成的网状脉纹，背面淡绿色，有时带紫红色，具柄。花茎很短，被短柔毛；总状花序通常具 2 朵花，常偏向一侧；花苞片披针形；花大，长管状，白色或带粉红色，萼片线状披针形，近等长，中萼片与花瓣黏合呈兜状；花瓣白色，无毛，稍斜菱状线形；唇瓣白色，线状披针形，基部凹陷呈囊状，内面具多数腺毛，前部伸长，舌状，先端近急尖且向下卷曲。花期 2～7 月。

产地及生境： 产于我国陕西、甘肃、江苏、安徽、浙江、台湾、河南、湖北、湖南、广东、四川、贵州、云南和西藏。生于海拔 560～2200 m 的林下阴湿处。尼泊尔、印度、朝鲜半岛南部、日本也有。

本属概况： 本属约 40 种，主要分布于北温带，向南可达墨西哥、东南亚、澳大利亚和大洋洲岛屿，非洲的马达加斯加也有分布。我国产 29 种，其中 12 种为特有。

斑叶兰属
Goodyera

学名·*Goodyera foliosa*

形态特征： 植株高 15 ～ 25 cm。根状茎伸长，茎状，匍匐，具节。茎直立，绿色，具 4 ～ 6 枚叶。叶疏生于茎上或集生于茎的上半部，叶片卵形至长圆形，偏斜，绿色，先端急尖，基部楔形或圆形。花茎直立，被毛；总状花序具几朵至多朵密生而常偏向一侧的花；花苞片披针形；花中等大，半张开，白带粉红色、白带淡绿色或近白色；萼片狭卵形，凹陷；花瓣斜菱形，基部收狭，具爪，与中萼片黏合呈兜状；唇瓣基部凹陷呈囊状，囊半球形，前部舌状，先端略反曲，背面有时具红褐色斑块。花期 7 ～ 9 月。

产地及生境： 产于我国福建、台湾、广东、广西、四川、云南和西藏。生于海拔 300 ～ 1500 m 的林下或沟谷阴湿处。尼泊尔、不丹、印度东北部、缅甸、越南、日本、朝鲜半岛南部也有分布。

斑叶兰属
Goodyera

学名·*Goodyera repens*

形态特征： 植株高 10 ～ 25 cm。根状茎伸长，茎状，匍匐，具节。茎直立，绿色，具 5 ～ 6 枚叶。叶片卵形或卵状椭圆形，上面深绿色具白色斑纹，背面淡绿色，先端急尖，基部钝或宽楔形，具柄。花茎直立或近直立；总状花序具几朵至 10 余朵、密生、多少偏向一侧的花；花苞片披针形；花小，白色或带绿色或带粉红色，半张开；中萼片卵形或卵状长圆形，与花瓣黏合呈兜状；侧萼片斜卵形、卵状椭圆形；花瓣斜匙形；唇瓣卵形，基部凹陷呈囊状，前部短的舌状，略外弯。花期 7 ～ 8 月。

产地及生境： 产于我国黑龙江、吉林、辽宁、内蒙古、河北、山西、陕西、甘肃、青海、新疆、安徽、台湾、河南、湖北、湖南、四川、云南、西藏。生于海拔 700 ～ 3800 m 的山坡、沟谷林下。日本、朝鲜半岛、俄罗斯西伯利亚至欧洲、缅甸、印度、不丹至克什米尔地区，北美洲的一些国家也有分布。

斑叶兰属
Goodyera

学名·*Goodyera schlechtendaliana*

形态特征： 植株高 15 ～ 35 cm。根状茎伸长，茎状，匍匐，具节。茎直立，绿色，具 4 ～ 6 枚叶。叶片卵形或卵状披针形，上面绿色，具白色不规则的点状斑纹，背面淡绿色。花茎直立被长柔毛；总状花序具几朵至 20 余朵疏生近偏向一侧的花；花苞片披针形；子房圆柱形；花较小，白色或带粉红色，半张开；中萼片狭椭圆状披针形，舟状，与花瓣黏合呈兜状；侧萼片卵状披针形；花瓣菱状倒披针形；唇瓣卵形，基部凹陷呈囊状，前部舌状，略向下弯；柱头 1 个，位于蕊喙之下。花期 8 ～ 10 月。

产地及生境： 产于我国山西、陕西、甘肃、江苏、安徽、浙江、江西、福建、台湾、河南、湖北、湖南、广东、海南、广西、四川、贵州、云南和西藏。生于海拔 500 ～ 2800 m 的山坡或沟谷阔叶林下。尼泊尔、不丹、印度、越南、泰国、朝鲜半岛南部、日本和印度尼西亚（苏门答腊）也有分布。

斑叶兰属
Goodyera

学名·*Goodyera velutina*

形态特征： 植株高 8 ~ 16 cm。根状茎伸长、茎状、匍匐，具节。茎直立，暗红褐色，具 3 ~ 5 枚叶。叶片卵形至椭圆形，上面深绿色或暗紫绿色，天鹅绒状，沿中肋具 1 条白色带，背面紫红色，具柄。总状花序具 6 ~ 15 朵偏向一侧的花；

花苞片披针形，红褐色；子房圆柱形；花中等大；萼片微张开，淡红褐色或白色，凹陷，中萼片长圆形，与花瓣黏合呈兜状；侧萼片斜卵状椭圆形或长椭圆形；花瓣斜长圆状菱形，无毛；唇瓣基部凹陷呈囊状，前部舌状，舟形，先端向下弯。花期 9 ~ 10 月。

产地及生境： 产于我国浙江、福建、台湾、湖北、湖南、广东、海南、广西、四川和云南。生于海拔 700 ~ 3000 m 的林下阴湿处。朝鲜半岛南部、日本也有分布。

斑叶兰属
Goodyera

绿花斑叶兰

学名·*Goodyera viridiflora*

形态特征： 植株高 13 ～ 20 cm。根状茎伸长，茎状，匍匐，具节。茎直立，绿色，具 2 ～ 5 枚叶。叶片偏斜的卵形、卵状披针形或椭圆形，绿色，甚薄，先端急尖，基部圆形，骤狭成柄。总状花序具 2 ～ 5 朵花；花苞片卵状披针形，淡红褐色，先端尖，边缘撕裂；花较大，绿色，张开，无毛；萼片椭圆形，绿色或带白色，先端淡红褐色，中萼片凹陷，与花瓣黏合呈兜状；侧萼片向后伸展；花瓣偏斜的菱形，白色，先端带褐色；唇瓣卵形，舟状，较薄，基部绿褐色，凹陷，囊状。花期 8 ～ 9 月。

产地及生境： 产于我国浙江、江西、福建、台湾、广东、海南、香港和云南。生于海拔 300 ～ 2600 m 的林下、沟边阴湿处。尼泊尔、不丹、印度、泰国、马来西亚、琉球群岛、菲律宾、印度尼西亚、澳大利亚也有分布。

手参属
Gymnadenia

学名·*Gymnadenia conopsea*

形态特征： 植株高 20 ～ 60 cm。块茎椭圆形，肉质，下部掌状分裂，裂片细长。茎直立，圆柱形，其上具 4 ～ 5 枚叶。叶片线状披针形、狭长圆形或带形。总状花序具多数密生的花；花苞片披针形，直立伸展；中萼片宽椭圆形或宽卵状椭圆形，略呈兜状；侧萼片斜卵形，反折，边缘向外卷；花瓣直立，斜卵状三角形，边缘具细锯齿，先端急尖；唇瓣向前伸展，宽倒卵形，前部三裂，中裂片较侧裂片大，三角形，先端钝或急尖；距细而长，狭圆筒形，下垂，稍向前弯，向末端略增粗或略渐狭，长于子房。花期 6 ～ 8 月。

产地及生境： 产于我国黑龙江、吉林、辽宁、内蒙古、河北、山西、陕西、甘肃、四川、云南和西藏。生于海拔 265 ～ 4700 m 的山坡林下、草地或砾石滩草丛中。朝鲜半岛、日本、俄罗斯西伯利亚至欧洲一些国家也有分布。

本属概况： 本属约 16 种，产于欧洲及亚洲，我国有 5 种，其中 3 种为特有。

手参属
Gymnadenia

学名·*Gymnadenia crassinervis*

形态特征： 植株高 23 ～ 55 cm。块茎椭圆形，肉质，下部掌状分裂，裂片细长。茎直立，较粗壮，其上具 3 ～ 5 枚叶，上部常具 1 ～ 2 枚苞片状小叶。叶片椭圆状长圆形。总状花序具多数密生的花，圆锥状卵形或圆柱形；花苞片披针形或卵状披针形，直立伸展；子房纺锤形；中萼片直立，舟状，卵状披针形；侧萼片张开，斜卵状披针形；花瓣直立，宽卵形，与中萼片相靠合，且较侧萼片稍宽，边缘具细锯齿；唇瓣向前伸展，宽倒卵形，前部三裂，中裂片三角形，较侧裂片长，先端钝；距圆筒状，下垂，长为子房长的 1/2，末端钝。花期 6 ～ 7 月，果期 8 ～ 9 月。

产地及生境： 产于我国四川、云南和西藏。生于海拔 3500 ～ 3800 m 的山坡杜鹃林下或山坡岩石缝隙中。

玉凤花属
Habenaria
学名·*Habenaria glaucifolia*

形态特征： 植株高 15 ～ 50 cm。块茎肉质，长圆形或卵形。茎直立，圆柱形，基部具 2 枚近对生的叶。叶片平展，较肥厚，近圆形或卵圆形，上面粉绿色，背面带灰白色，基部圆钝，骤狭并抱茎。总状花序具 3 ～ 10 余朵花；花苞片直立伸展，披针形或卵形；子房圆柱形，扭转，被短柔毛；花较大，白色或白绿色；中萼片卵形或长圆形，直立，凹陷呈舟状，与花瓣靠合呈兜状；侧萼片反折，斜卵形或长圆形；花瓣直立，2 深裂，上裂片匙状长圆形；下裂片较上裂片小多，线状披针形；唇瓣反折，较萼片长多，基部具短爪，基部之上 3 深裂；距下垂，细圆筒状在近末端稍膨大增粗，近棒状，末端稍钝。花期 7 ～ 8 月。

产地及生境： 产于我国陕西、甘肃、四川、贵州、云南和西藏。生于海拔 2000 ～ 4300 m 的山坡林下、灌丛下或草地上。

本属概况： 本属约 600 种，分布于全球热带、亚热带至温带地区。我国有 54 种，其中 19 种为特有。

玉凤花属
Habenaria

学名·*Habenaria linearifolia*

线叶十字兰

形态特征： 植株高 25 ～ 80 cm。块茎肉质，卵形或球形。茎直立，圆柱形。具多枚疏生的叶，向上渐小成苞片状。中下部的叶 5 ～ 7 枚，其叶片线形。总状花序具 8 ～ 20 余朵花；花苞片披针形至卵状披针形；子房细圆柱形，扭转，稍弧曲；花白色或绿白色，无毛；中萼片直立，凹陷呈舟形，卵形或宽卵形，与花瓣相靠呈兜状；侧萼片张开，反折，斜卵形；花瓣直立，轮廓半正三角形，二裂；唇瓣向前伸展，近中部 3 深裂；裂片线形，近等长；中裂片直的，全缘，先端渐狭、钝；侧裂片向前弧曲，先端具流苏；距下垂，稍向前弯曲，向末端逐渐稍增粗呈细棒状。花期 7 ～ 9 月。

产地及生境： 产于我国黑龙江、吉林、辽宁、内蒙古、河北、山东、江苏、安徽、浙江、江西、福建、河南及湖南等省份。生于海拔 200 ～ 1500 m 的山坡林下或沟谷草丛中。俄罗斯远东地区、朝鲜半岛和日本也有分布。

第三部分 野生原种属

345

橙黄玉凤兰

玉凤花属 *Habenaria* | 学名·*Habenaria rhodocheila*

形态特征： 植株高 8 ～ 35 cm。块茎长圆形，肉质。茎粗壮，直立，圆柱形。下部具 4 ～ 6 枚叶，向上具 1 ～ 3 枚苞片状小叶。叶片线状披针形至近长圆形，基部抱茎。总状花序具 2 ～ 10 余朵疏生的花；花苞片卵状披针形；花中等大，萼片和花瓣绿色，唇瓣橙黄色、橙红色或红色；中萼片直立，近圆形，凹陷，与花瓣靠合呈兜状；侧萼片长圆形，反折，先端钝；花瓣直立，匙状线形；唇瓣向前伸展，轮廓卵形，4 裂，基部具短爪，侧裂片长圆形，开展；中裂片二裂，裂片近半卵形；距细圆筒状，污黄色，下垂，末端通常向上弯。蒴果纺锤形。花期 7 ～ 8 月，果期 10 ～ 11 月。

产地及生境： 产于我国江西、福建、湖南、广东、香港、海南、广西和贵州等地。生于海拔 300 ～ 1500 m 的山坡或沟谷林下阴处地上或岩石上覆土中。越南、老挝、柬埔寨、泰国、马来西亚和菲律宾也有分布。

玉凤花属
Habenaria 　学名·*Habenaria schindleri*

十字兰

形态特征：植株高 25 ～ 70 cm。块茎肉质，长圆形或卵圆形。茎直立，圆柱形。具多枚疏生的叶，向上渐小成苞片状。中下部的叶 4 ～ 7 枚，其叶片线形。总状花序具 10 ～ 20 余朵花；花苞片线状披针形至卵状披针形；花白色，无毛；中萼片卵圆形，直立，凹陷呈舟状，与花瓣靠合呈兜状；侧萼片强烈反折，斜长圆状卵形；花瓣直立，轮廓半正三角形，二裂；唇瓣向前伸，基部线形，近基部的 1/3 处 3 深裂呈十字形，裂片线形，近等长；中裂片劲直；侧裂片与中裂片垂直伸展，近直的，向先端增宽且具流苏；距下垂，长 1.4 ～ 1.5 cm，近末端突然膨大，粗棒状，向前弯曲，末端钝。花期 7 ～ 10 月。

产地及生境：产于我国吉林、辽宁、河北、江苏、安徽、浙江、江西、福建、湖南、广东等地。生于海拔 240 ～ 1700 m 的山坡林下或沟谷草丛中。朝鲜半岛和日本也有分布。

羊耳蒜属
Liparis

学名·*Liparis bootanensis*

形态特征： 附生草本。假鳞茎密集，卵形、卵状长圆形或狭卵状圆柱形，顶端生一叶。叶狭长圆状倒披针形、倒披针形至近狭椭圆状长圆形，纸质或坚纸质。花序柄略压扁，两侧具很狭的翅，下部无不育苞片；总状花序具数朵至20余朵花；花苞片狭披针形；花通常黄绿色，有时稍带褐色；中萼片近长圆形；侧萼片与中萼片近等长，但略宽；花瓣狭线形；唇瓣近宽长圆状倒卵形，先端近截形并有凹缺或短尖；蕊柱稍向前弯曲，上部两侧各有1翅；通常在前部下弯成钩状或镰状。蒴果倒卵状椭圆形。花期8～10月，果期3～5月。

产地及生境： 产于我国江西、福建、台湾、广东、海南、广西、四川、贵州、云南和西藏。生于海拔800～2300 m的林缘、林中或山谷阴处的树上及岩壁上，在云南贡山可达3100 m。不丹、印度、缅甸、越南、泰国、马来西亚、印度尼西亚、菲律宾和日本也有分布。

本属概况： 全属约有320种，广泛分布于全球热带与亚热带地区，少数种类也见于北温带。我国有63种，其中20种为特有。

见血清

羊耳蒜属
Liparis

学名·*Liparis nervosa*

形态特征: 地生草本。茎（或假鳞茎）圆柱状，肥厚，肉质，有数节，通常包藏于叶鞘之内，上部有时裸露。叶2～5枚，卵形至卵状椭圆形，膜质或草质，全缘。花葶发自茎顶端；总状花序通常具数朵至10余朵花；花苞片很小，三角形；花紫色；中萼片线形或宽线形，先端钝，边缘外卷；侧萼片狭卵状长圆形，稍斜歪；花瓣丝状；唇瓣长圆状倒卵形，先端截形并微凹，基部收狭并具2个近长圆形的胼胝体；蕊柱较粗壮，上部两侧有狭翅。蒴果倒卵状长圆形或狭椭圆形。花期2～7月，果期10月。

产地及生境: 产于我国浙江、江西、福建、台湾、湖南、广东、广西、四川、贵州、云南和西藏等地。生于海拔1000～2100 m的林下、溪谷旁、草丛阴处或岩石覆土上。广泛分布于全世界热带与亚热带地区。

羊耳蒜属
Liparis

学名·*Liparis pauliana*

形态特征： 地生草本。假鳞茎卵形或卵状长圆形。叶通常 2 枚，卵形至椭圆形，膜质或草质，边缘皱波状并具不规则细齿，基部收狭成鞘状柄。花葶长 7～28 cm；花序柄扁圆柱形，两侧有狭翅；总状花序通常疏生数朵花；花苞片卵形或卵状披针形；花淡紫色，但萼片常为淡黄绿色；萼片线状披针形；侧萼片稍斜歪；花瓣近丝状；唇瓣倒卵状椭圆形，先端钝或有时具短尖，近基部常有 2 条短的纵褶片；蕊柱向前弯曲，顶端具翅，基部扩大、肥厚。蒴果倒卵形，上部有 6 条翅，向下翅渐狭并逐渐消失。花期 5 月，果期 10～11 月。

产地及生境： 产于我国浙江、江西、湖北、湖南、广东北部、广西和贵州。生于海拔 600～1200 m 的林下阴湿处或岩石缝中。

钗子股属
Luisia | 学名·*Luisia hancockii*

形态特征： 茎直立或斜立，质地坚硬，圆柱形，长达 20 cm，具多节。叶肉质，疏生而斜立，圆柱形。总状花序与叶对生，近直立或斜立；花序轴粗壮，通常具 2～3 朵花；花苞片肉质，宽卵形；花肉质，开展，萼片和花瓣黄绿色；中萼片倒卵状长圆形；侧萼片长圆形，对折，在背面龙骨状的中肋近先端处呈翅状；花瓣稍斜长圆形；唇瓣近卵状长圆形，前后唇无明显的界线；后唇稍凹；前唇紫色，先端凹缺，边缘具圆齿或波状，上面具 4 条带疣状突起的纵脊。蒴果椭圆状圆柱形。花期 5～6 月，果期 8 月。

产地及生境： 产于我国浙江、福建、湖北。生于海拔 200 m 或更高的山谷崖壁上或山地疏生林中树干上。

本属概况： 本属约 50 种，分布于热带亚洲至大洋洲。我国有 11 种，其中 5 种为特有。

兜被兰属
Neottianthe

学名·*Neottianthe cucullata*

形态特征： 植株高 4 ～ 24 cm。块茎圆球形或卵形。茎直立或近直立，其上具 2 枚近对生的叶，在叶之上常具 1 ～ 4 枚不育苞片。叶近平展或直立伸展，叶片卵形、卵状披针形或椭圆形，叶上面有时具紫红色斑点。总状花序具几朵至 10 余朵花，常偏向一侧；花苞片披针形，直立伸展；花紫红色或粉红色；萼片彼此紧密靠合成兜；花瓣披针状线形，与萼片贴生；唇瓣向前伸展，上面和边缘具细乳突，基部楔形，中部三裂，侧裂片线形，先端急尖，中裂片较长；距细圆筒状圆锥形，中部向前弯曲，近呈 "U" 字形。花期 8 ～ 9 月。

产地及生境： 产于我国黑龙江、吉林、辽宁、内蒙古、河北、山西、陕西、甘肃、青海、安徽、浙江、江西、福建、河南、四川、云南和西藏等地。生于海拔 400 ～ 4100 m 的山坡林下或草地。朝鲜半岛、日本、俄罗斯西伯利亚地区至中亚、蒙古、西欧、尼泊尔也有分布。

本属概况： 约 7 种，产于欧洲、俄罗斯、中国至日本，延伸至亚洲热带亚高山地区，我国有 7 种，其中 5 种为特有。

鸟巢兰属
Neottia

学名·*Neottia acuminata*

尖唇鸟巢兰

形态特征: 腐生植物, 植株高 14～30 cm。茎直立, 无毛, 中部以下具 3～5 枚鞘, 无绿叶; 鞘膜质, 抱茎。总状花序顶生, 通常具 20 余朵花; 花苞片长圆状卵形; 子房椭圆形; 花小, 黄褐色, 常 3～4 朵聚生而呈轮生状; 中萼片狭披针形; 侧萼片与中萼片相似; 花瓣狭披针形; 唇瓣形状变化较大, 通常卵形、卵状披针形或披针形, 先端渐尖或钝, 边缘稍内弯; 蕊柱极短。蒴果椭圆形。花果期 6～8 月。

产地及生境: 产于我国吉林、内蒙古、河北、山西、陕西、甘肃、青海、湖北、四川、云南、西藏等地。生于海拔 1500～4100 m 的林下或荫蔽草坡上。俄罗斯远东地区、日本、朝鲜半岛和印度也有分布。

本属概况: 约 70 种, 产于亚洲、欧洲、美洲, 我国有 35 种, 其中 23 种为特有。

象鼻兰属 Nothodoritis

学名·*Nothodoritis zhejiangensis*

形态特征： 矮生植物。斜立或悬垂，冬季落叶。茎长约 3 mm，被叶鞘所包，具多数粗 1.2～1.5 mm、稍扁的气根。叶常 1～3 枚，扁平，质地薄，倒卵形或倒卵状长圆形，先端钝并且一侧稍钩转。花序单生于茎的基部，不分枝；总状花序具 8～19 朵花；花苞片黄绿色，狭披针形；花质地薄，无香气；萼片和花瓣白色，内面具紫色横纹；中萼片卵状椭圆形，凹的，围抱蕊柱；侧萼片歪斜的宽倒卵形；花瓣倒卵形，先端钝，基部具爪；唇瓣三裂；侧裂片狭长，直立，先端紫色，其余白色；中裂片与侧裂片几乎交成直角向外伸展，两侧面白色，内面深紫色，基部具囊；囊白色，近半球形。蒴果椭圆形。花期 6 月，果期 7～8 月。

产地及生境： 产于我国浙江。生于海拔 350～900 m 的山地林中或林缘树枝上。

本属概况： 1 种，产于我国。

鸢尾兰属
Oberonia

学名·*Oberonia mannii*

形态特征: 茎较长,长 1.5 ～ 7 cm。叶 5 ～ 9 枚,二列互生于茎上,两侧压扁,肥厚,线形。花葶生于茎顶端;总状花序具数十朵花;花苞片卵状披针形,边缘略有钝齿;花绿黄色或浅黄色,直径约 1 mm;中萼片卵形;侧萼片与中萼片相似,但略宽;花瓣近长圆形,略长于萼片;唇瓣轮廓近长圆形,三裂而中裂片再度深裂;侧裂片位于唇瓣基部两侧,卵形;中裂片先端深裂成叉状;小裂片披针形或狭披针形。蒴果椭圆形。花果期 3 ～ 6 月。

产地及生境: 产于我国云南、福建。生于海拔 1500 ～ 2700 m 的林中树上。印度也有分布。

本属概况: 本属约 150 至 200 种之间,产于从热带南亚和东南亚延伸到热带非洲、马达加斯加、马斯克林群岛、菲律宾、新几内亚、澳大利亚及塔希提,我国有 33 种,其中 11 种为特有。

小沼兰属
Oberonioides

学名·*Malaxis microtatantha*

形态特征: 地生小草本。假鳞茎小,卵形或近球形。叶 1 枚,接近铺地,卵形至宽卵形;叶柄鞘状,抱茎。花葶直立,纤细,常紫色,略压扁,两侧具很狭的翅;总状花序通常具 10 ～ 20 朵花;花苞片宽卵形,多少围抱花梗;花很小,黄色;中萼片宽卵形至近长圆形,边缘外卷;侧萼片三角状卵形,大小与中萼片相似;花瓣线状披针形或近线形;唇瓣位于下方,近披针状三角形或舌状,基部两侧有一对横向伸展的耳;耳线形或狭长圆形,通常直立;蕊柱粗短。花期 4 月。

产地及生境: 产于我国浙江、江西、福建和台湾。生于海拔 200 ～ 600 m 的林下或阴湿处的岩石上。

本属概况: 本属 2 种,产于我国、泰国。其中 1 种为我国特有。

山兰属
Oreorchis

学名·*Oreorchis fargesii*

形态特征： 假鳞茎椭圆形至近球形，有 2～3 节，外被撕裂成纤维状的鞘。叶 2 枚，偶有 1 枚，生于假鳞茎顶端，线状披针形或线形，纸质，先端渐尖。花葶从假鳞茎侧面发出，直立；总状花序具较密集的花；花苞片卵状披针形；花 10 余朵或更多，通常白色并有紫纹；萼片长圆状披针形；侧萼片斜歪并略宽于中萼片；花瓣狭卵形至卵状披针形；唇瓣轮廓为长圆状倒卵形，近基部处三裂，基部有长约 1 mm 的爪；唇盘上在两枚侧裂片之间具 1 条短褶片状胼胝体，胼胝体中央有纵槽。蒴果狭椭圆形。花期 5～6 月，果期 9～10 月。

产地及生境： 产于我国陕西、甘肃、浙江、福建、台湾、湖北和四川。生于海拔 700～2600 m 的林下、灌丛中或沟谷旁。

本属概况： 本属大约 16 种，产于我国、不丹、印度、日本、朝鲜、尼泊尔、俄罗斯。我国有 11 种，其中 7 种为特有。

山兰属
Oreorchis

学名·*Oreorchis parvula*

形态特征：假鳞茎长圆形至椭圆形，有节，多少被撕裂成纤维状的鞘。叶 1 枚，生于假鳞茎顶端，狭椭圆状披针形或狭长圆形，先端渐尖，基部逐渐收狭成柄；叶柄长 1 ~ 2 cm。花葶从假鳞茎侧面发出，直立，中下部有 2 ~ 3 枚筒状鞘；总状花序具 7 ~ 12 朵花；花苞片卵状披针形或披针形；花蜡黄色；萼片狭长圆状披针形；侧萼片略斜歪；花瓣舌状披针形，略镰曲；唇瓣轮廓为倒卵形，基部有短爪；从下部 2/5 处三裂；侧裂片舌状；中裂片近卵圆形，边缘稍波状；唇盘基部有 2 条纵褶片，纵褶片多少合生。花期 5 ~ 7 月。

产地及生境：产于我国四川和云南。生于海拔 3000 ~ 3800 m 的林下或开旷草坡上。

钻柱兰属
Pelatantheria

学名·*Pelatantheria rivesii*

形态特征： 茎匍匐状伸长，长达 1 m 许，常分枝。叶舌形，伸展或基部多少对折呈"V"字形，先端钝并且不等侧二裂。总状花序具 2～7 朵花；花序柄很短，被 2～3 枚纸质短鞘；花苞片卵状三角形，先端钝；花质地厚，萼片和花瓣淡黄色带 2～3 条褐色条纹，多少反折；中萼片近椭圆形，先端钝；侧萼片卵状长圆形，与中萼片等长而较宽，先端钝；花瓣长圆形，先端钝；唇瓣粉红色，比萼片和花瓣大，三裂；侧裂片小，直立，卵状三角形，先端钝；中裂片宽卵状三角形；距长 3 mm。花期 10 月。

产地及生境： 产于我国广西和云南。生于海拔 700～1100 m 的常绿阔叶林中树干上或林下岩石上。分布于老挝和越南。

本属概况： 本属约 5 种，产于热带喜马拉雅、苏门答腊、朝鲜及日本，我国有 4 种。

阔蕊兰属
Peristylus

学名·*Peristylus lacertiferus*

形态特征： 植株高 18 ～ 45 cm。块茎长圆形或近球形。茎长，较粗壮，无毛，基部具 2 ～ 3 枚筒状鞘，近基部具叶。叶常 2 ～ 3 枚，集生，叶片长圆状披针形或卵状披针形，先端急尖。总状花序具多数密生的花，圆柱状；花苞片直立伸展，披针形，先端渐尖，与子房等长；子房圆柱状纺锤形，扭转；花小，常绿白色或白色；萼片卵形，凹陷呈舟状，先端急尖；中萼片直立；侧萼片较狭，伸展；花瓣卵形，直立，与中萼片靠合；唇瓣向前伸展，中部以下常向后弯曲，基部有 1 枚大的、肉质的胼胝体和下面具距，从中部三裂；距短小，圆锥形或长圆形。花期 7 ～ 10 月。

产地及生境： 产于我国福建、台湾、广东、香港、海南、广西、四川和云南。生于海拔 600 ～ 1270 m 的山坡林下、灌丛下或山坡草地向阳处。印度、缅甸、中南半岛、马来西亚、菲律宾、印度尼西亚和琉球群岛也有分布。

本属概况： 约 70 种，产于东南亚及新几内亚、澳大利亚及西南太平洋群岛，我国有 19 种，其中 5 种为特有。

鹤顶兰属
Phaius

学名·*Phaius flavus*

形态特征： 假鳞茎卵状圆锥形，具 2～3 节，被鞘。叶 4～6 枚，紧密互生于假鳞茎上部，通常具黄色斑块，长椭圆形或椭圆状披针形，长 25 cm 以上。花葶从假鳞茎基部或基部上方的节上发出，1～2 个，直立，粗壮；总状花序具数朵至 20 朵花；花苞片宿存，大而宽，披针形；花柠檬黄色，上举，不甚张开；中萼片长圆状倒卵形；侧萼片斜长圆形，与中萼片等长，但稍狭；花瓣长圆状倒披针形；唇瓣贴生于蕊柱基部，与蕊柱分离，倒卵形；侧裂片近倒卵形，围抱蕊柱，先端圆形；中裂片近圆形，稍反卷，先端微凹，前端边缘褐色并具波状皱褶；唇盘具 3～4 条多少隆起的脊突；脊突褐色；距白色，末端钝。花期 4～10 月。

产地及生境： 产于我国福建、台湾、湖南、广东、广西、香港、海南、贵州、四川、云南和西藏。生于海拔 300～2500 m 的山坡林下阴湿处。也分布于斯里兰卡、尼泊尔、不丹、印度东北部、日本、菲律宾、老挝、越南、马来西亚、印度尼西亚和新几内亚岛。

本属概况： 全属约 40 种，广泛分布于非洲热带地区、亚洲热带和亚热带地区至大洋洲。我国有 9 种，其中 4 种为特有。

石仙桃属
Pholidota

学名·*Pholidota cantonensis*

形态特征： 根状茎匍匐，分枝，密被鳞片状鞘，通常相距 1～3 cm 生假鳞茎，节上疏生根；假鳞茎狭卵形至卵状长圆形，顶端生二叶。叶线形或线状披针形，纸质，先端短渐尖或近急尖，边缘常多少外卷，基部收狭成柄。花葶生于幼嫩假鳞茎顶端；总状花序通常具 10 余朵花；花序轴不曲折；花苞片卵状长圆形，早落；花小，白色或淡黄色；中萼片卵状长圆形，多少呈舟状，先端钝，背面略具龙骨状突起；侧萼片卵形，斜歪，略宽于中萼片；花瓣宽卵状菱形或宽卵形；唇瓣宽椭圆形，整个凹陷而呈舟状。蒴果倒卵形。花期 4 月，果期 8～9 月。

产地及生境： 产于我国浙江、江西、福建、台湾、湖南、广东和广西。生于海拔 200～850 m 的林中或荫蔽处的岩石上。

本属概况： 本属约 30 种，分布于亚洲热带和亚热带南缘地区，南至澳大利亚和太平洋岛屿。我国有 12 种，其中 2 种为特有。

石仙桃属
Pholidota

学名 · *Pholidota chinensis*

形态特征： 根状茎通常较粗壮，匍匐，具较密的节和较多的根；假鳞茎狭卵状长圆形，大小变化甚大。叶 2 枚，生于假鳞茎顶端，倒卵状椭圆形、倒披针状椭圆形至近长圆形。总状花序具数朵至 20 余朵花；花序轴稍左右曲折；花苞片长圆形至宽卵形，常多少对折，宿存；花白色或浅黄色；中萼片椭圆形或卵状椭圆形，凹陷呈舟状；侧萼片卵状披针形，略狭于中萼片，具较明显的龙骨状突起；花瓣披针形，背面略有龙骨状突起；唇瓣轮廓近宽卵形，略三裂，下半部凹陷成半球形的囊，囊两侧各有 1 个半圆形的侧裂片。蒴果倒卵状椭圆形，有 6 棱，3 个棱上有狭翅。花期 4 ~ 5 月，果期 9 月至次年 1 月。

产地及生境： 产于我国浙江、福建、广东、海南、广西、贵州、云南和西藏。生于林中或林缘树上、岩壁上或岩石上，海拔通常在 1500 m 以下，少数可达 2500 m。越南、缅甸也有分布。

舌唇兰属
Platanthera

学名·*Platanthera chlorantha*

形态特征： 植株高 30 ～ 50 cm。块茎卵状纺锤形，肉质。茎直立，无毛，近基部具 2 枚彼此紧靠、近对生的大叶，在大叶之上具 2 ～ 4 枚变小的披针形苞片状小叶。基部大叶片椭圆形或倒披针状椭圆形。总状花序具 12 ～ 32 朵花；花苞片披针形，先端渐尖；花较大，绿白色或白色；中萼片直立，舟状，圆状心形；侧萼片张开，斜卵形，先端急尖；花瓣直立，偏斜，狭披针形，不等侧，弯的，逐渐收狭成线形，与中萼片相靠合呈兜状；唇瓣向前伸，舌状，肉质；距棒状圆筒形，向末端明显增粗，末端钝。花期 6 ～ 8 月。

产地及生境： 产于我国黑龙江、吉林、辽宁、内蒙古、河北、山西、陕西、甘肃、青海、四川、云南、西藏等省份。生于海拔 400 ～ 3300 m 的山坡林下或草丛中。欧洲至亚洲分布广泛，从英格兰至朝鲜半岛也有分布。

本属概况： 本属约 200 种，产于欧洲及非洲北部、北温带的亚洲、马来群岛、新几内亚及美洲。我国有 42 种，其中 19 种为特有。

高原舌唇兰

形态特征： 植株高 5 ～ 25 cm。根状茎圆柱形或圆柱状纺锤形，肉质，匍匐。茎纤细或较粗壮，直立或近直立，中部以下常具一枚大叶，上部有时具 1 ～ 2 枚小很多的苞片状小叶。大叶片椭圆形或长圆形。总状花序具 3 ～ 10 朵花，密集或疏散；花苞片披针形，先端渐尖；花淡黄绿色，较小；萼片边缘具睫毛状细齿，中萼片狭长圆形，直立；侧萼片反折，斜狭长圆形；花瓣偏斜，狭三角状披针形，肉质，直立，与中萼片靠合呈兜状；唇瓣舌状或舌状披针形，肉质，厚，伸出，稍弓曲，先端钝；距圆筒状，下垂，向末端略增粗，末端钝。花期 8 ～ 9 月。

产地及生境： 产于我国四川、云南和西藏。生于海拔 3300 ～ 4500 m 的亚高山至高山灌丛草甸中。尼泊尔和印度也有分布。

舌唇兰属
Platanthera

学名 · *Platanthera minor*

形态特征： 植株高 20 ～ 60 cm。块茎椭圆形，肉质。茎粗壮，直立，下部具 1 ～ 3 枚较大的叶，上部具 2 ～ 5 枚逐渐变小为披针形或线状披针形的苞片状小叶。叶互生，最下面的 1 枚最大，叶片椭圆形、卵状椭圆形或长圆状披针形。总状花序具多数疏生的花；花苞片卵状披针形；花黄绿色，萼片具 3 脉，边缘全缘；中萼片直立，宽卵形，凹陷呈舟状；侧萼片反折，稍斜椭圆形；花瓣直立，斜卵形，基部的前侧扩大，与中萼片靠合呈兜状；唇瓣舌状，肉质，下垂，先端钝；距细圆筒状，下垂，稍向前弧曲。花期 5 ～ 7 月。

产地及生境： 产于我国江苏、安徽、浙江、江西、福建、台湾、河南、湖北、湖南、广东、香港、海南、广西、四川、贵州和云南。生于海拔 250 ～ 2700 m 的山坡林下或草地。朝鲜半岛和日本也有分布。

独蒜兰属
Pleione

学名·*Pleione formosana*

形态特征： 半附生或附生草本。假鳞茎压扁的卵形或卵球形，上端渐狭成明显的颈，绿色或暗紫色，顶端具一枚叶。叶在花期尚幼嫩，长成后椭圆形或倒披针形，纸质。花葶从无叶的老假鳞茎基部发出，直立，顶端通常具 1 花；花苞片线状披针形至狭椭圆形；花白色至粉红色，唇瓣色泽常略浅于花瓣，上面具有黄色、红色或褐色斑，有时略芳香；中萼片狭椭圆状倒披针形或匙状倒披针形；侧萼片狭椭圆状倒披针形，多少偏斜；花瓣线状倒披针形，稍长于中萼片；唇瓣宽卵状椭圆形至近圆形，不明显三裂，先端微缺，上部边缘撕裂状，上面具 2 ～ 5 条褶片，中央 1 条褶片短或不存在；褶片常有间断，全缘或啮蚀状。蒴果纺锤状，黑褐色。花期 3 ～ 4 月。

产地及生境： 产于我国台湾、福建、浙江和江西。生于海拔 600 ～ 2500 m 的林下或林缘腐殖质丰富的土壤和岩石上。

本属概况： 全属约 26 种，主要产于我国秦岭山脉以南，西至喜马拉雅地区，南至缅甸、老挝和泰国的亚热带地区和热带凉爽地区。我国有 23 种，其中 12 种为特有。

独蒜兰属
Pleione

学名·*Pleione forrestii*

黄花独蒜兰

形态特征： 附生草本。假鳞茎圆锥形或卵状圆锥形，上端渐狭成明显的颈，绿色，顶端具一枚叶。叶在花后出现，近椭圆形至狭椭圆状披针形，纸质。花葶从无叶的老假鳞茎基部发出，直立，顶端具1花；花苞片长圆状披针形或披针形；花黄色、淡黄色或黄白色，较少象牙

白色或白色，仅唇瓣上具有红色或褐色斑点；中萼片倒披针形；侧萼片长圆状倒披针形，多少偏斜；花瓣镰刀状倒披针形；唇瓣宽倒卵状椭圆形或近宽菱形，明显或不明显三裂，基部收狭成短爪；唇盘上具 5～7 条褶片；褶片全缘，常略呈波状，几乎贯穿整个唇瓣。花期 4～5 月。

产地及生境： 产于我国云南。生于海拔 2200～3100 m 的疏林下或林缘腐殖质丰富的岩石上，也见于岩壁和树干上。

独蒜兰属
Pleione | 学名·*Pleione hookeriana*

形态特征: 附生草本。假鳞茎卵形至圆锥形,上端有明显的颈,绿色或紫色,顶端具一枚叶。叶在花期尚幼嫩或已长成,椭圆状披针形或近长圆形,纸质。花葶从无叶的老假鳞茎基部发出,直立,顶端具1花;花苞片近长圆形;花较小;萼片与花瓣淡紫红色至近白色,唇瓣白色而有黄色唇盘和褶片以及紫色或黄褐色斑点;中萼片近长圆形或倒披针形;侧萼片镰刀状披针形,稍斜歪;花瓣倒披针形,展开,先端急尖;唇瓣扁圆形或近心形,不明显三裂,先端微缺,上部边缘具不规则细齿或近全缘,通常具7行沿脉而生的髯毛或流苏状毛。蒴果近长圆形。花期4～6月,果期9月。

产地及生境: 产于我国广东、广西、贵州、云南和西藏。生于海拔1600～3100 m的树干上、灌木林缘苔藓覆盖的岩石上或岩壁上。尼泊尔、不丹、印度、缅甸、老挝和泰国也有分布。

朱兰属
Pogonia

学名·*Pogonia japonica*

形态特征： 植株高 10～25 cm。茎直立，纤细，在中部或中部以上具一枚叶。叶稍肉质，通常近长圆形或长圆状披针形，抱茎。花苞片叶状，狭长圆形、线状披针形或披针形；花单朵顶生，向上斜展，常紫红色或淡紫红色；萼片狭长圆状倒披针形，先端钝或渐尖，中脉两侧不对称；花瓣与萼片相似，近等长，但明显较宽；唇瓣近狭长圆形，中部以上三裂；侧裂片顶端有不规则缺刻或流苏；中裂片舌状或倒卵形，边缘具流苏状齿缺；自唇瓣基部有 2～3 条纵褶片延伸至中裂片上，褶片常互相靠合而形成肥厚的脊，在中裂片上变为鸡冠状流苏或流苏状毛。蒴果长圆形。花期 5～7 月，果期 9～10 月。

产地及生境： 产于我国黑龙江、吉林、内蒙古、山东、安徽、浙江、江西、福建、湖北、湖南、广西、四川和贵州。生于海拔 400～2000 m 的山顶草丛中、山谷旁林下、灌丛下湿地或其他湿润之地。日本和朝鲜半岛也有分布。

本属概况： 本属 4 种，东亚 3 种，美洲北部 1 种，我国产 3 种，其中 1 种为特有。

朱兰属
Pogonia | 学名·*Pogonia yunnanensis*

形态特征： 植株高 5～9 cm。根状茎短，长数条细长的根。茎直立，在中部以上具一枚叶。叶稍肉质，椭圆形，抱茎。花苞片叶状，椭圆形、狭卵形或狭披针形；花单朵顶生，紫色或淡红色，不甚张开；萼片狭长圆形；花瓣近狭倒卵状长圆形，与萼片近等长；唇瓣近狭长圆形，一般略短于萼片，在中部以上三裂；侧裂片狭长，肩状；中裂片近线形，约占唇瓣全长的 2/5，边缘具不规则齿缺，上面布满鸡冠状突起；唇盘上有 2 条纵脊，从基部延伸至中裂片基部，彼此靠合而形成肥厚的脊状物。蒴果直立，倒卵状椭圆形。花期 6～7 月，果期 10 月。

产地及生境： 产于我国四川、云南和西藏。生于海拔 2300～3300 m 的高山草地或冷杉林下。

小红门兰属
Ponerorchis

学名·*Ponerorchis chusua* / 异名·*Orchis chusua*
别名·广布红门兰

形态特征： 植株高 5 ～ 45 cm。块茎长圆形或圆球形，肉质，不裂。茎直立，基部具 1 ～ 3 枚筒状鞘，鞘之上具 1 ～ 5 枚叶。叶片长圆状披针形、披针形或线状披针形至线形。花序具 1 ～ 20 余朵花，多偏向一侧；花苞片披针形或卵状披针形；花紫红色或粉红色；中萼片长圆形或卵状长圆形，直立，凹陷呈舟状，与花瓣靠合呈兜状；侧萼片向后反折，偏斜，卵状披针形；花瓣直立，斜狭卵形、宽卵形或狭卵状长圆形；唇瓣向前伸展，三裂，中裂片长圆形、四方形或卵形，边缘全缘或稍具波状，侧裂片扩展，镰状长圆形或近三角形；距圆筒状或圆筒状锥形。花期 6 ～ 8 月。

产地及生境： 产于我国黑龙江、吉林、内蒙古、陕西、宁夏、甘肃、青海、湖北、四川、云南和西藏。生于海拔 500 ～ 4500 m 的山坡林下、灌丛下、高山灌丛草地或高山草甸中。朝鲜半岛、日本、俄罗斯西伯利亚地区、尼泊尔、不丹、印度北部、缅甸北部也有。

本属概况： 本属约 20 种，从喜马拉雅穿过我国至朝鲜半岛及日本都有分布。我国有 13 种，其中 10 种为特有。

萼脊兰属
Sedirea

学名·*Sedirea subparishii*

形态特征： 茎长 1～2 cm。具扁平、长而弯曲的根。叶近基生，长圆形或倒卵状披针形，先端钝并且不等侧 2 浅裂。总状花序长达 10 cm，疏生数朵花；花苞片卵形；花具香气，稍肉质，开展，黄绿色带淡褐色斑点；中萼片近长圆形，先端细尖而下弯，在背面中肋翅状；侧萼片相似于中萼片而较狭，在背面中肋翅状；花瓣近椭圆形；唇瓣三裂，基部与蕊柱足末端结合而形成关节；侧裂片直立，半圆形，边缘稍具细齿；中裂片肉质，狭长圆形，在背面近先端处喙状突起；距角状，向前弯曲，向末端渐狭。花期 5 月。

产地及生境： 产于我国浙江、福建、湖北、湖南、广东、贵州和四川。生于海拔 300～1100 m 的山坡林中树干上。

本属概况： 本属 2 种。分布于我国、日本和朝鲜半岛南部。我国 2 种均产，其中 1 种为特有。

苞舌兰属
Spathoglottis

学名·*Spathoglottis pubescens*

形态特征： 假鳞茎扁球形，顶生 1 ～ 3 枚叶。叶带状或狭披针形。花葶纤细或粗壮，密布柔毛，下部被数枚紧抱于花序柄的筒状鞘；总状花序疏生 2 ～ 8 朵花；花苞片披针形或卵状披针形，被柔毛；花黄色；萼片椭圆形；花瓣宽长圆形，与萼片等长；唇瓣约等长于花瓣，三裂；侧裂片直立，镰刀状长圆形，长约为宽的 2 倍，先端圆形或截形，两侧裂片之间凹陷而呈囊状；中裂片倒卵状楔形，先端近截形并有凹缺，基部具爪；爪短而宽，上面具一对半圆形的、肥厚的附属物；唇盘上具 3 条纵向的龙骨脊，其中央 1 条隆起而成肉质的褶片。花期 7 ～ 10 月。

产地及生境： 产于我国浙江、江西、福建、湖南、广东、香港、广西、四川、贵州和云南。生于海拔 380 ～ 1700 m 的山坡草丛中或疏林下。也分布于印度东北部、缅甸、柬埔寨、越南、老挝和泰国。

本属概况： 全属约 46 种，分布于热带亚洲至澳大利亚和太平洋岛屿。我国有 3 种。

绶草属
Spiranthes

学名·*Spiranthes sinensis*

形态特征： 植株高 13 ～ 30 cm。根数条，指状，肉质，簇生于茎基部。茎较短，近基部生 2 ～ 5 枚叶。叶片宽线形或宽线状披针形，直立伸展。花茎直立；总状花序具多数密生的花，呈螺旋状扭转；花苞片卵状披针形；花小，紫红色、粉红色或白色，在花序轴上呈螺旋状排生；萼片的下部靠合，中萼片狭长圆形，舟状，与花瓣靠合呈兜状；侧萼片偏斜，披针形；花瓣斜菱状长圆形，与中萼片等长但较薄；唇瓣宽长圆形，凹陷，先端极钝，前半部上面具长硬毛且边缘具强烈皱波状啮齿，唇瓣基部凹陷呈浅囊状，囊内具 2 枚胼胝体。花期 7 ～ 8 月。

产地及生境： 产于我国各省区。生于海拔 200 ～ 3400 m 的山坡林下、灌丛下、草地或河滩沼泽草甸中。俄罗斯、蒙古、朝鲜半岛、日本、阿富汗、克什米尔地区至不丹、印度、缅甸、越南、泰国、菲律宾、马来西亚、澳大利亚也有分布。

本属概况： 本属约 50 种，主产于美洲北部、非洲、亚洲、澳大利亚和欧洲。我国产 3 种，其中 2 种为特有。

带唇兰属 Tainia

学名·*Tainia dunnii*

形态特征： 假鳞茎暗紫色，圆柱形，下半部常较粗，顶生一枚叶。叶狭长圆形或椭圆状披针形。花葶直立，纤细，长 30～60 cm；总状花序疏生多数花；花苞片红色，狭披针形，先端渐尖；花黄褐色或棕紫色；中萼片狭长圆状披针形，先端急尖或稍钝；侧萼片狭长圆状镰刀形，与中萼片等长；花瓣与萼片等长而较宽，先端急尖或锐尖；唇瓣整体轮廓近圆形，基部贴生于蕊柱足末端，前部三裂；侧裂片淡黄色，具许多紫黑色斑点，直立，三角形，先端锐尖，向前弯；中裂片黄色，横长圆形，先端近截形或凹缺而具 1 个短凸；唇盘上面无毛或稍具短毛，具 3 条褶片。花期通常 3～4 月。

产地及生境： 产于我国湖南、浙江、江西、福建、台湾、广东、香港、广西、四川和贵州。生于海拔 580～1900 m 的常绿阔叶林下或山间溪边。

本属概况： 全属约 32 种，分布从热带喜马拉雅东至日本南部，南至东南亚和其邻近岛屿。我国有 13 种，其中 2 种为特有。

带唇兰属
Tainia

学名·*Tainia minor*

形态特征： 假鳞茎斜生于根状茎上，彼此靠近，圆柱状长卵形，顶生一枚叶。叶长圆形。花葶直立，远比叶长；花序轴淡紫褐色，疏生少数花；花苞片狭卵状披针形；花近直立，萼片和花瓣淡紫褐色带暗紫色斑点；中萼片狭长圆形；侧萼片狭镰刀状长圆形，约与中萼片等大，基部贴生于蕊柱足上而形成短钝的萼囊；花瓣狭镰刀状长圆形，先端锐尖；唇瓣的整体轮廓为椭圆形，三裂；侧裂片白色带淡紫褐色，直立，狭三角形，先端牙齿状；中裂片白色，近圆形，先端近圆形并微凹；唇盘在两侧裂片之间具 3 条褶片。花期 5 月。

产地及生境： 产于我国云南。生于海拔 1920 m 的山坡林下阴湿处。不丹、印度东北部也有分布。

线柱兰属 Zeuxine

黄花线柱兰

学名·*Zeuxine flava*

形态特征： 植株高 20～30 cm。茎直立，具 3～4 枚叶。叶片宽披针形至狭卵形，先端渐尖，花开放时常凋萎，向下垂。总状花序长 13 cm，具 8～15 朵花，花序轴被短柔毛；花苞片披针形，背面有毛；花小，黄色；中萼片近卵形，凹陷；侧萼偏斜，镰状；花瓣长圆形；唇瓣橘黄色，呈 "T" 字形，前部扩大成二裂，其裂片成方形，长宽近相等；基部扩大并凹陷呈囊状，囊内两侧各具 1 枚钩状的胼胝体。花期 5 月。

产地及生境： 产于我国云南。生于海拔 1400 m 的山坡林下。不丹、印度、马来西亚、缅甸、尼泊尔、泰国、越南也有分布。

本属概况： 本属约 80 种，产于非洲、亚洲、新几内亚、澳大利亚及西南太平洋群岛。我国有 14 种，其中 2 种为特有。

线柱兰属
Zeuxine

学名·*Zeuxine strateumatica*

形态特征： 植株高 4 ～ 28 cm。根状茎短，匍匐。茎淡棕色，直立或近直立，具多枚叶。叶淡褐色，叶片线形至线状披针形，先端渐尖，有时均成苞片状。总状花序几乎无花序梗，具几朵至 20 余朵密生的花；花苞片卵状披针形，红褐色，长于花；花小，白色或黄白色；萼片背面无毛或有毛；中萼片狭卵状长圆形，凹陷，与花瓣黏合呈兜状；侧萼片偏斜的长圆形；花瓣歪斜，半卵形或近镰状；唇瓣肉质或较薄，舟状，淡黄色或黄色，基部凹陷呈囊状，中部收狭成短爪，前部稍扩大，横椭圆形，顶端圆钝，稍凹陷或具稍微突起。蒴果椭圆形。花期 4 ～ 7 月。

产地及生境： 产于我国福建、台湾、湖北、广东、香港、海南、广西、四川、云南等省份。生于海拔 1000 m 以下的沟边或河边的潮湿草地。日本、菲律宾、马来西亚、新几内亚岛、老挝、柬埔寨、越南、缅甸、斯里兰卡、印度及阿富汗也有分布。

第四部分
杂交属

1. × *Aranda*

本属为蜘蛛兰属（*Arachnis*）与万代兰属（*Vanda*）的杂交属。

01 × *Aranda* Bertha Braga

02 × *Aranda* Chao Praya Gold

03 × *Aranda* Ruby Mckenzie

04 × *Aranda* Wan Chark kuan

2. × *Aranthera*

本属为蜘蛛兰属（*Arachnis*）与火焰兰属（*Renanthera*）的杂交属。

01 × *Aranthera* Anne Black

3. × *Ascocenda*

本属为鸟舌兰属（*Ascocentrum*）与万代兰属（*Vanda*）的杂交属。

01 × *Ascocenda* Somsri Gold

02 × *Ascocenda* Thaispot × Suksamran Spot

03 × *Ascocenda* Yanisa Gold

04 × *Ascocenda* Tubtim Velvesta× Bangkuntion Gold

4. × *Brassocattleya*

本属为柏拉兰属（*Brassavola*）、卡特兰属（*Cattleya*）二属杂交而成。

01 × *Brassocattleya* Duh's White 'Red Pig'

02 × *Brassocattleya* Yellow Bird

5. × *Brassolaeliocattleya*

本属为柏拉兰属（*Brassavola*）、卡特兰属（*Cattleya*）与蕾丽兰属（*Laelia*）三属的杂交属。

01 × *Brassolaeliocattleya* Liu's Joyance

02 × *Brassolaeliocattleya* Mahina Yahiro

03 × *Brassolaeliocattleya* Pamela Finney 'All Victory'

04 × *Brassolaeliocattleya* Ports of paradise 'Gleneyrie's Green Giant'

05 × *Brassolaeliocattleya* Shinfong White Tower

06 × *Brassolaeliocattleya* Village Chief North 'Green Genius'

07 × *Brassolaeliocattleya* Young Kong

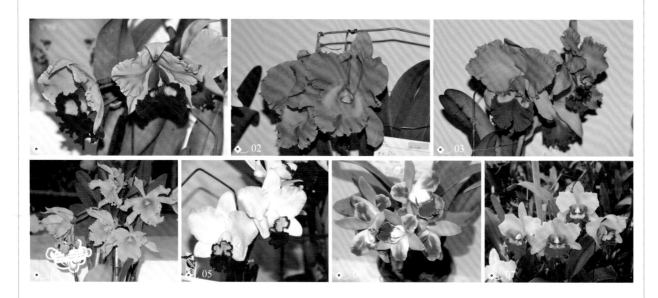

6. × *Cycnodes*

本属为天鹅兰属（*Cycnoches*）与旋柱兰属（*Mormodes*）杂交而成。

01 红天鹅兰 × *Cycnodes* Wine Delight

7. × *Degarmoara*

本属为长萼兰属（*Brassia*）、堇花兰属（*Miltonia*）及齿舌兰属（*Odontoglossum*）三属杂交而成。

01 红狐狸文心兰 × *Degarmoara* Marfitch 'Howard's Dream'

02 白仙女文心兰 × *Dgmramoara* Winter Wonderland 'White Fairy'

8. × *Epilaeliocattleya*

本属为卡特兰属（*Cattleya*）、树兰属（*Epidendrum*）及蕾丽兰属（*Laelia*）三属杂交而成。

01 × *Epilaeliocattleya* Greenbird

02 × *Epilaeliocattleya* Greenbird 'Brilliant'

9. × *Laeliocatarthron*

本属为卡特兰属（*Cattleya*）、双角兰属（*Caularthron*）及蕾丽兰属（*Laelia*）三属杂交而成。

01 × *Laeliocatarthron* Village Chief Parfum

10. × *Laeliocattleya*

本属为卡特兰属（*Cattleya*）及蕾丽兰属（*Laelia*）杂交而成。

01 × *Laeliocattleya* Aloha Case 'Ching hua'

02 × *Laeliocattleya* Breen's Jenny Ann

03 × *Laeliocattleya* Cariad's Mini-Quinee 'Angel Kiss'

11. × *Meloara*

本属为喙果兰属（*Rhyncholaelia*）、卡特兰属（*Cattleya*）、双角兰属（*Caularthron*）与蕾丽兰属（*Laelia*）杂交而成。

× *Meloara* Tzeng-Wen Tricia

12. 莫氏兰属 × *Mokara*

本属为蜘蛛兰属（*Arachnis*）、鸟舌兰属（*Ascocentrum*）及万代兰属（*Vanda*）三属杂交而成。

01 '普拉亚' 莫氏兰 × *Mokara* Chao Praya Boy

02 '金黄普拉亚' 莫氏兰 × *Mokara* Chao Praya Gold

03 '小斑吉' 莫氏兰 × *Mokara* Chittl Orange Spot

04 '戴安娜' 莫氏兰 × *Mokara* Dianah Shore

05 '帕内女士' 莫氏兰 × *Mokara* Madame Panne

06 '金色辛加' 莫氏兰 × *Mokara* Singa Gold

07 '金黄' 莫氏兰 × *Mokara* Sunshine Yellow

08 '深红' 莫氏兰 × *Mokara* Top Red

13. × *Monnierara*

本属为龙须兰属（*Catasetum*）、天鹅兰属（*Cycnoches*）与飞燕兰属（*Mormodes*）三属杂交而成。

01 × *Monnierara* Jumbo Delight

14. × *Neostylis*

本属为风兰属（*Neofinetia*）和喙果兰属（*Rhyncholaelia*）的杂交属。

01 蓝花风兰 × *Neostylis* 'Lou Sneary'

15. × *Odontocidium*

本属为文心兰属（*Oncidium*）与齿舌兰属（*Odontoglossum*）杂交而成。

01 × *Odontocidium* Hansueli Isler

16. × *Rhyncholaeliocattleya*

本属为喙果兰属（*Rhyncholaelia*）与卡特兰属（*Cattleya*）二属杂交而成。缩写这 *Rlc.*

01 × *Rhyncholaeliocattleya* Beauty Girl 'Kova'

02 胭脂 × *Rhyncholaeliocattleya* Elegant Dancer 'Rouge'

03 永康 2 号 × *Rhyncholaeliocattleya* Haw Yuan Gold 'Yong Kang #2'

  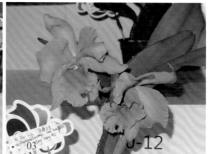

04 × *Rhyncholaeliocattleya* Kat Green

05 大牛 × *Rhyncholaeliocattleya* Pamela Finney 'Big Cattle'

06 × *Rhyncholaeliocattleya* Ports of Paradise

07 塞图 × *Rhyncholaeliocattleya* Triumphal Coronation 'Seto'

08 × *Rhyncholaeliocattleya* Triumphal Oronation

09 蔡氏女神 × *Rhyncholaeliocattleya* Tsai's Goddess

17. × *Potinara*

本属为柏拉兰属（*Brassavola*）、卡特兰属（*Cattleya*）、蕾丽兰属（*Laelia*）及贞兰属（*Sophronitis*）四属杂交而成。

01 × *Potinara* Shinfong Dawn

18. × *Rhyncattleanthe*

本属为喙果兰属（*Rhyncholaelia*）、卡特兰属（*Cattleya*）与新兰属（*Guarianthe*）三属杂交而成。

01 × *Rhyncattleanthe* Love Passion 'Orange'

19. × *Rhynchocentrum*

本属为鸟舌兰属（*Ascocentrum*）及钻喙兰属（*Rhynchostylis*）杂交而成。

01 × *Rhynchocentrum* Lilac Blossom 'Rosa'

20. × *Sophrolaeliocattleya*

本属为卡特兰属（*Cattleya*）、蕾丽兰属（*Laelia*）及贞兰属（*Sophronitis*）杂交而成。

01 × *Sophrolaeliocattleya* Barefoot Mailman

21. × *Vascostylis*

本属为鸟舌兰属（*Ascocentrum*）、钻喙兰属（*Rhynchostylis*）及万代兰属（*Vanda*）三属杂交而成。

01 × *Vascostylis* Veerawan

◆ 01

附录：部分兰科植物原种拉丁属名及中文名对照表

拉丁属名	中文属名	拉丁属名	中文属名	拉丁属名	中文属名
Acacallis	美兰属	*Apostasia*	拟兰属	*Cadetia*	卡德兰属
Acampe	脆兰属	*Appendicula*	牛齿兰属	*Caladenia*	裂缘兰属
Acanthephippium	坛花兰属	*Arachnis*	蜘蛛兰属	*Calanthe*	虾脊兰属
Aceras	人帽兰属	*Arethusa*	阿瑞图萨兰属	*Callostylis*	美柱兰属
Aceratorchlis	无距兰属	*Armodorum*	鸟仔兰属	*Calopogon*	毛唇兰属
Acianthus	针花兰属	*Arpophyllum*	镰叶兰属	*Calypso*	布袋兰属
Acineta	固唇兰属	*Arundina*	竹叶兰属	*Campylocentrum*	弯唇兰属
Acoridium	菖蒲兰属	*Ascocentrum*	鸟舌兰属	*Capanemia*	卡班兰属
Acostaea	阿科斯特兰属	*Ascoglossum*	袋舌兰属	*Catasetum*	龙须兰属
Acriopsis	合萼兰属	*Ascolabellum*	假囊距兰属	*Cattleya*	卡特兰属
Ada	爱达兰属	*Aspasia*	喜兰属	*Cattleyopsis*	拟卡特兰属
Adenoncos	腺兰属	*Baptistonia*	巴西兰属	*Caularthron*	双角兰属
Aerangis	细距兰属	*Barbosella*	巴波兰属	*Cephalanthera*	头蕊兰属
Aeranthes	气花兰属	*Barkeria*	巴克兰属	*Cephalantheropsis*	黄兰属
Aerides	指甲兰属	*Barlia*	地巨兰属	*Ceratostylis*	牛角兰属
Aganisia	雅兰属	*Batemannia*	巴特兰属	*Chamaeangis*	细管兰属
Agrostophyllum	禾叶兰属	*Bifrenaria*	双柄兰属	*Chamaeanthus*	低药兰属
Alamania	阿拉马兰属	*Bletia*	拟白及属	*Chamaegastrodia*	叠鞘兰属
Amesiella	阿梅兰属	*Bletilla*	白及属	*Changnienia*	独花兰属
Amitostigma	无柱兰属	*Bollea*	宝丽兰属	*Chaubardia*	乔巴兰属
Anacamptis	倒距兰属	*Bolusiella*	波鲁兰属	*Chaubardiella*	拟乔巴兰属
Ancistrochilus	钩唇兰属	*Bonatea*	波纳兰属	*Cheirostylis*	叉柱兰属
Androcorys	兜蕊兰属	*Bothriochilus*	细舌兰属	*Chelonistele*	角柱兰属
Angraecopsis	拟武夷兰属	*Brachtia*	勃拉兰属	*Chiloglottis*	喉唇兰属
Angraecum	彗星兰属	*Brachycorythis*	苞叶兰属	*Chiloschista*	异型兰属
Anguloa	郁香兰属	*Brassavola*	柏拉兰属	*Chondrorhyncha*	鸟喙兰属
Ania	安兰属	*Brassia*	长萼兰属	*Christensonia*	克里斯汀娜兰属
Anoectochilus	开唇兰属	*Bromheadia*	白苇兰属	*Chrysoglossum*	金唇兰属
Ansellia	豹斑兰属	*Broughtonia*	波东兰属	*Chysis*	吉西兰属
Anthogonium	筒瓣兰属	*Bulbophyllum*	石豆兰属	*Cirrhaea*	须喙兰属
Aphyllorchis	无叶兰属	*Bulleyia*	蜂腰兰属	*Cischweinfia*	西宜兰属

拉丁属名	中文属名	拉丁属名	中文属名	拉丁属名	中文属名
Cleisostoma	隔距兰属	*Dendrochilum*	足柱兰属	*Eurychone*	漏斗兰属
Clowesia	克劳兰属	*Dendrophylax*	抱树兰属	*Flickingeria*	金石斛属
Cochleanthes	壳花兰属	*Diaphananthe*	薄花兰属	*Galeandra*	鼬蕊兰属
Cochlioda	蝎牛兰属	*Didymoplexiella*	锚柱兰属	*Galearis*	盔花兰属
Coelia	粉兰属	*Didymoplexis*	双唇兰属	*Galeola*	山珊瑚属
Coeliopsis	拟粉兰属	*Diglyphosa*	密花兰属	*Gastrochilus*	盆距兰属
Coeloglossum	凹舌兰属	*Dimorphorchis*	异花兰属	*Gastrodia*	天麻属
Coelogyne	贝母兰属	*Dinema*	双丝兰属	*Geodorum*	地宝兰属
Collabium	吻兰属	*Diothonea*	双帆兰属	*Gomesa*	宫美兰属
Comparettia	凹唇兰属	*Diphylax*	尖药兰属	*Gongora*	爪唇兰属
Constantia	孔唐兰属	*Diplandrorchis*	双蕊兰属	*Goodyera*	斑叶兰属
Corallorhiza	珊瑚兰属	*Diplocaulobium*	褐茎兰属	*Grammangis*	斑唇兰属
Coryanthes	吊桶兰属	*Diplomeris*	合柱兰属	*Grammatophyllum*	斑被兰属
Corybas	铠兰属	*Diploprora*	蛇舌兰属	*Graphorkis*	画兰属
Corymborkis	管花兰属	*Disa*	双距兰属	*Grobya*	格罗兰属
Cremastra	杜鹃兰属	*Disperis*	双袋兰属	*Grosourdya*	火炬兰属
Crepidium	沼兰属	*Diuris*	双尾兰属	*Guarianthe*	新兰属
Cryptochilus	宿苞兰属	*Dracula*	小龙兰属	*Gymnadenia*	手参属
Cryptopus	隐足兰属	*Dryadella*	树蛹兰属	*Habenaria*	玉凤花属
Cryptostylis	隐柱兰属	*Elleanthus*	厄勒兰属	*Hagsatera*	黑沙兰属
Cuitlauzina	香花兰属	*Embreea*	埃姆兰属	*Hammarbya*	谷地兰属
Cyclopogon	环毛兰属	*Encyclia*	围柱兰属	*Hancockia*	滇兰属
Cycnoches	天鹅兰属	*Epidendrum*	树兰属	*Haraella*	香兰属
Cymbidiella	棕兰属	*Epigeneium*	厚唇兰属	*Hemipilia*	舌喙兰属
Cymbidium	兰属	*Epipactis*	火烧兰属	*Herminium*	角盘兰属
Cynorkis	狗兰属	*Epipogium*	虎舌兰属	*Herpysma*	爬兰属
Cypripedium	杓兰属	*Eria*	毛兰属	*Hetaeria*	翻唇兰属
Cyrtochilum	凸唇兰属	*Eriodes*	毛梗兰属	*Hexisea*	六瓣兰属
Cyrtoglottis	弯舌兰属	*Eriopsis*	拟毛兰属	*Hippeophyllum*	套叶兰属
Cyrtopodium	弯足兰属	*Erycina*	扇叶兰属	*Holcoglossum*	槽舌兰属
Cyrtorchis	弯萼兰属	*Erythrodes*	钳唇兰属	*Holopogon*	无喙兰属
Cyrtosia	肉果兰属	*Erythrorchis*	倒吊兰属	*Huntleya*	洪特兰属
Dactylorhiza	掌根兰属	*Esmeralda*	花蜘蛛兰属	*Hygrochilus*	湿唇兰属
Dendrobium	石斛属	*Eulophia*	美冠兰属	*Hylophila*	袋唇兰属

拉丁属名	中文属名	拉丁属名	中文属名	拉丁属名	中文属名
Ionopsis	新堇兰属	*Mexicoa*	墨西哥兰属	*Oerstedella*	奥特兰属
Isabelia	伊萨兰属	*Microcoelia*	球距兰属	*Oncidium*	文心兰属
Ischnogyne	瘦房兰属	*Micropera*	小囊兰属	*Ophrys*	眉兰属
Isochilus	等唇兰属	*Microtatorchis*	拟蜘蛛兰属	*Orchis*	红门兰属
Jacquiniella	杰圭兰属	*Microtis*	葱叶兰属	*Oreorchis*	山兰属
Jumellea	朱美兰属	*Miltonia*	堇花兰属	*Orleanesia*	奥利兰属
Kefersteinia	克兰属	*Miltoniopsis*	美堇兰属	*Ornithocephalus*	鸟首兰属
Kegeliella	克格兰属	*Mischobulbum*	球柄兰属	*Ornithochilus*	羽唇兰属
Kingidium	尖囊兰属	*Monomeria*	短瓣兰属	*Ornithophora*	鸟柱兰属
Kitigorchis	唇兰属	*Mormodes*	飞燕兰属	*Osmoglossum*	香唇兰属
Laelia	蕾丽兰属	*Mormolyca*	怪花兰属	*Otochilus*	耳唇兰属
Laeliopsis	拟蕾丽兰属	*Mycaranthes*	拟毛兰属	*Otoglossum*	耳舌兰属
Lecanorchis	盂兰属	*Myrmechis*	全唇兰属	*Pabstia*	帕勃兰属
Lemboglossum	舟舌兰属	*Myrmecophila*	蚁兰属	*Pachystoma*	粉口兰属
Leochilus	光唇兰属	*Mystacidium*	触须兰属	*Panisea*	曲唇兰属
Lepanthes	丽斑兰属	*Nageliella*	纳格兰属	*Paphinia*	帕氏兰属
Lepanthopsis	拟丽斑兰属	*Neobathiea*	马岛兰属	*Paphiopedilum*	兜兰属
Leptotes	筒叶兰属	*Neocogniauxia*	小唇兰属	*Papilionanthe*	凤蝶兰属
Liparis	羊耳蒜属	*Neofinetia*	风兰属	*Paraphalaenopsis*	筒叶蝶兰属
Listera	对叶兰属	*Neogardneria*	新嘉兰属	*Parapteroceras*	虾尾兰属
Lockhartia	洛克兰属	*Neogyna*	新型兰属	*Pecterillis*	白蝶兰属
Ludisia	血叶兰属	*Neottia*	鸟巢兰属	*Pelatantheria*	钻柱兰属
Lueddemannia	卢氏兰属	*Neottianthe*	兜被兰属	*Pelexia*	肥根兰属
Luisia	钗子股属	*Nephelaphyllum*	云叶兰属	*Pennilabium*	巾唇兰属
Lycaste	薄叶兰属	*Nervilia*	芋兰属	*Peristeria*	鸽兰属
Lycomormium	狼花兰属	*Neuwiedia*	三蕊兰属	*Peristylus*	阔蕊兰属
Macodes	长唇兰属	*Nothodoritis*	象鼻兰属	*Pescatorea*	帕卡兰属
Macradenia	长盘兰属	*Notylia*	驼背兰属	*Pinalia*	苹兰属
Malaxis	原沼兰属	*Oberonia*	鸢尾兰属	*Phaius*	鹤顶兰属
Malleola	槌柱兰属	*Octomeria*	八团兰属	*Phalaenopsis*	蝴蝶兰属
Masdevallia	尾萼兰属	*Odontoglossum*	齿舌兰属	*Pholidota*	石仙桃属
Maxillaria	颚唇兰属	*Oeoniella*	拟鸟花兰属	*Phragmipedium*	美洲兜兰属
Mediocalcar	石榴兰属	*Odontonia*	齿堇兰属	*Phreatia*	馥兰属
Mendoncella	孟东兰属	*Oeceoclades*	节茎兰属	*Platanthera*	舌唇兰属

拉丁属名	中文属名	拉丁属名	中文属名	拉丁属名	中文属名
Plectorrhiza	澳兰属	*Rudolfiella*	鲁道兰属	*Summerhayesia*	赛姆兰属
Pleione	独蒜兰属	*Saccolabium*	囊唇兰属	*Sudamerlycaste*	垂心兰属
Pleurothallis	腋花兰属	*Sarcochilus*	狭唇兰属	*Sunipia*	大苞兰属
Podangis	裂距兰属	*Sarcoglottis*	肉舌兰属	*Symphyglossum*	密舌兰属
Podochilus	柄唇兰属	*Sarcoglyphis*	大喙兰属	*Taeniophyllum*	带叶兰属
Pogonia	朱兰属	*Sarcophyton*	肉兰属	*Tainia*	带唇兰属
Polycycnis	鹅花兰属	*Satyrium*	鸟足兰属	*Tangtsinia*	金佛山兰属
Polystachya	多穗兰属	*Scaphosepalum*	碗萼兰属	*Telipogon*	毛顶兰属
Pomatocalpa	鹿角兰属	*Scaphyglottis*	碗唇兰属	*Tetramicra*	四隔兰属
Ponerorchis	小红门兰属	*Scelochilus*	角唇兰属	*Thecostele*	盒柱兰属
Ponthieva	蓬兰属	*Schoenorchis*	匙唇兰属	*Thelasis*	矮柱兰属
Porolabium	孔唇兰属	*Schomburgkia*	香蕉兰属	*Thelymitra*	柱帽兰属
Porpax	盾柄兰属	*Scuticaria*	鞭兰属	*Thrixspermum*	白点兰属
Porroglossum	伸唇兰属	*Sedirea*	萼脊兰属	*Thunia*	笋兰属
Promenaea	普兰属	*Seidenfadenia*	举喙兰属	*Tipularia*	筒距兰属
Prosthechea	章鱼兰属	*Selenipedium*	碗兰属	*Trias*	三角兰属
Pseudorchis	白手参属	*Serapias*	长药兰属	*Trichoglottis*	毛舌兰属
Psychilis	蝶唇兰属	*Sievekingia*	垂序兰属	*Trichopilia*	毛足兰属
Psychopsis	拟蝶唇兰属	*Sigmatostalix*	弓柱兰属	*Trigonidium*	美洲三角兰属
Psygmorchis	扇兰属	*Smithorchis*	反唇兰属	*Tropidia*	竹茎兰属
Pteroceras	长足兰属	*Smitinandia*	盖喉兰属	*Tsaiorchis*	长喙兰属
Pterostylis	翅柱兰属	*Sobennikoffia*	苏本兰属	*Tuberolabium*	管唇兰属
Rangaeris	朗加兰属	*Sobralia*	折叶兰属	*Tulotis*	蜻蜓兰属
Renanthera	火焰兰属	*Sophronitella*	拟贞兰属	*Uncifera*	叉喙兰属
Renantherella	拟火焰兰属	*Sophronitis*	贞兰属	*Vanda*	万代兰属
Restrepia	甲虫兰属	*Spathoglottis*	苞舌兰属	*Vandopsis*	拟万代兰属
Restrepiella	拟甲虫兰属	*Spiranthes*	绶草属	*Vanilla*	香荚兰属
Rhyncholaelia	喙果兰属	*Stanhopea*	奇唇兰属	*Vexillabium*	旗唇兰属
Rhynchostylis	钻喙兰属	*Staurochilus*	掌唇兰属	*Vrydagzynea*	二尾兰属
Risleya	紫茎兰属	*Stelis*	微柱兰属	*Yoania*	宽距兰属
Robiquetia	寄树兰属	*Stenoglottis*	狭舌兰属	*Zelenkoa*	文黄兰属
Rodriguezia	凹萼兰属	*Stereochilus*	坚唇兰属	*Zeuxine*	线柱兰属
Rodrigueziella	拟凹萼兰属	*Stereosandra*	肉药兰属	*Zootrophion*	虫首兰属
Rossioglossum	罗斯兰属	*Stigmatodactylus*	指柱兰属	*Zygopetalum*	轭瓣兰属

索 引

参编人员名单（排名不分先后）

叶学益	付娟娟	陈红燕	陈晓艳	何卫珍	薛芹
杨文	杨帆	杨文告	杨旺庆	戴燚	邓敏
黄金元	金海涛	敬韶辉	鲁铭	倪涛	苏霞
万敏	王非	王松	王智	魏圣青	向齐
徐浩	杨畅	张京兰	张雯	周芳	朱浩
蔡建新	梁广新	武星	段立新	陈泽秦	张洋